Sonali Mohite
Shoukat Sayyad
Lahanu Gabhale

Tecnologia de produção de arroz transplantado segundo o modo de produção biológico

Sonali Mohite
Shoukat Sayyad
Lahanu Gabhale

Tecnologia de produção de arroz transplantado segundo o modo de produção biológico

ScienciaScripts

Imprint

Cover image: www.ingimage.com

This book is a translation from the original published under ISBN 978-620-7-80746-8.

Publisher:
Sciencia Scripts
is a trademark of
Dodo Books Indian Ocean Ltd. and OmniScriptum S.R.L publishing group

120 High Road, East Finchley, London, N2 9ED, United Kingdom
Str. Armeneasca 28/1, office 1, Chisinau MD-2012, Republic of Moldova, Europe
Printed at: see last page
ISBN: 978-620-7-87811-6

ÍNDICE

INTRODUÇÃO 2

REVISÃO DA LITERATURA 10

MATERIAIS E MÉTODOS 37

RESULTADOS EXPERIMENTAIS 59

DISCUSSÃO 125

RESUMO E CONCLUSÃO 139

CONCLUSÕES 145

LITERATURA CITADA 146

CAPÍTULO I

INTRODUÇÃO

O arroz (*Oryza sativa* L.) é o cereal alimentar básico mais importante do mundo, constituindo o principal alimento para cerca de 60 por cento da população mundial. O arroz contribui com 43% da produção total de grãos alimentares e 46% da produção total de cereais na Índia. O sistema de produção baseado no arroz proporciona rendimento e emprego a mais de 50 milhões de famílias. Um terço da produção de arroz da Ásia é consumido na China e um quinto na Índia.

A Índia é o segundo maior produtor e consumidor de arroz do mundo, depois da China . Cerca de 90 por cento de todo o arroz cultivado no mundo é produzido e consumido na região asiática. O arroz tem uma posição única na economia indiana. O slogan "Arroz é vida" é mais apropriado para a Índia, uma vez que esta cultura desempenha um papel vital na nossa segurança alimentar nacional e é um meio de subsistência para milhões de famílias rurais. Globalmente, a Índia tem a maior área cultivada com arroz (43,86 milhões de toneladas ha) e ficou em segundo lugar em produção (104,80 milhões de toneladas) depois da China (144,85 milhões de toneladas) com uma produtividade média de 3,77 t ha $^{-1}$ (Anônimo, 2018a). A produção de arroz na Índia ultrapassou a marca de 106,5 milhões de toneladas em 2013-14, representando 22,81 por cento da produção global nesse ano. O arroz também é o principal grão alimentar do estado, ocupando uma área de 15,57 lakh ha nas quatro regiões, com produção de 52,96 lakh toneladas em 2016 (Anônimo, 2018 [b]). A maior produtividade do arroz em casca foi de 4,25 t ha $^{-1}$ na região de Konkan (Shinde *et al.,* 2018).

Na Índia, o arroz é a cultura alimentar mais importante, cobrindo cerca de um quarto da área total cultivada e fornecendo alimentos a cerca de metade da população indiana. É o alimento básico das pessoas que vivem nas regiões leste e sul do país. O arroz ocupa uma área de 43,19 milhões de hectares com produção de 110,15 milhões de toneladas e produtividade de 2,55 toneladas ha^{-1}. Estima-se que a cobertura da área cultivada com arroz tenha diminuído de 389,49 lakh hectares em 2016-17 para 387,16 lakh hectares em 2017-18 (Anônimo, 2017). A produção de arroz da Índia atingiu um recorde de 115,60 milhões de toneladas em uma área de 437,89 milhões de hectares, com rendimento de 2.578 kg ha^{-1} em 2018-2019 (Relatório Anual do Arroz).

O movimento orgânico na Índia tem a sua origem no trabalho de Howard (Howard, 1940) que formulou e conceptualizou a maioria dos pontos de vista que foram posteriormente aceites pelas pessoas que se tornaram activas neste movimento. A agricultura biológica é um sistema de produção que evita, ou exclui em grande parte, a utilização de fertilizantes sintéticos, pesticidas, reguladores de crescimento e aditivos para alimentação animal. Os objectivos de sustentabilidade ambiental, social e económica são a base da agricultura biológica (Stockdale *et al.* 2001). As principais características incluem a protecção da fertilidade dos solos a longo prazo através da manutenção dos níveis de matéria orgânica, da promoção da actividade biológica do solo, da intervenção mecânica cuidadosa, da auto-suficiência de azoto através da utilização de leguminosas e da fixação biológica de azoto, da reciclagem eficaz de materiais orgânicos, incluindo resíduos de culturas e resíduos de gado e ervas daninhas, e controle de doenças e pragas dependendo principalmente da rotação de culturas, predadores naturais, diversidade, adubação orgânica e variedades resistentes. É dada grande ênfase à manutenção da fertilidade do solo, devolvendo-lhe todos os resíduos, principalmente através de composto, para minimizar o intervalo entre a adição e a remoção de NPK do solo (Chhonkar , 2002).

Os principais factores que afectam a procura dos consumidores por alimentos biológicos são a consciência sanitária e a vontade do público de pagar pelos produtos de elevado preço. Em geral, os consumidores de produtos biológicos constituem um grupo abastado, instruído e preocupado com a saúde, estimulado pela forte procura dos consumidores, preços generosos e preocupações com o ambiente. As práticas agrícolas da Índia remontam a mais de 4.000 anos, e a agricultura orgânica é muito nativa deste país. Tal como mencionado no *Arthashastra* , os agricultores do período védico possuíam um conhecimento razoável sobre a fertilidade do solo, selecção de sementes, protecção das plantas, épocas de sementeira e sustentabilidade das culturas em diferentes terras (Sofia *et al.* 2006). Os agricultores da Índia antiga aderiram às leis naturais e isso ajudou a manter a fertilidade do solo durante um período de tempo relativamente mais longo (Chandra e Chauhan, 2004).

A estagnação dos níveis de rendimento e o aumento da procura de alimentos são necessidades urgentes para aumentar a produtividade do arroz. Isto pode ser conseguido através da melhoria do potencial genético ou através de uma melhor realização dos rendimentos potenciais das variedades existentes através de uma gestão agronómica adequada. Contudo, a tarefa é altamente exigente tendo em conta a deterioração dos recursos. Dado que os alimentos orgânicos estão a ter um rápido impulso no mercado de exportação mundial, o potencial da agricultura biológica pura pode ser explorado (Sharma, 2002). Dia a dia, a demanda por arroz orgânico também aumenta. Durante 2002-03 (antes da Missão Orgânica de Sikkim) o consumo de fertilizantes foi o mais elevado (21,5 kg ha $^{-1}$), a produtividade do arroz foi de 1,43 t ha $^{-1}$ mas 11 anos depois, ou seja, durante 2013-14, aumentou para 1,81 t ha -1 $^{-1}$ e, mais interessante, não foi observada redução de rendimento durante o período de conversão (Mali, 2018).

A agricultura biológica é um sistema de gestão holístico, que promove a agricultura sustentável e melhora a saúde do agroecossistema . No mundo, 78 milhões de hectares de área em 170 países estão sob agricultura orgânica, que inclui colheita cultivada e selvagem. Emergindo de 42.000 ha sob agricultura orgânica certificada em 2003-04, a agricultura orgânica cresceu muito e, em 2014-15, a Índia trouxe 4,89 milhões de ha de área sob processo de certificação orgânica (Ravishankar *et al*., 2017).

A agricultura biológica é uma forma de conservar o solo, mantendo a sua fertilidade, protegendo a diversidade da flora e da fauna do solo, evitando assim a poluição das águas subterrâneas, lagos e rios. Não utiliza insumos externos e energia não renováveis. Como nenhum pesticida químico é usado na produção agrícola, há poucas chances de resíduos de pesticidas nos alimentos. Ao mesmo tempo, acredita-se que os produtos orgânicos são mais saudáveis e melhores em características de qualidade como sabor, aroma e armazenamento. Assim, a agricultura biológica emergiu como um sistema agrícola alternativo dinâmico que se acredita produzir alimentos nutritivos de alta qualidade, com boas oportunidades de emprego para a população rural.

Resíduos animais como esterco, urina, adubo verde, biofertilizantes, resíduos de indústrias agroalimentares são algumas das fontes potenciais de nutrientes na agricultura orgânica. Baseia-se na experiência frequentemente testada ao longo de anos de utilização, adoptada numa cultura e ambiente local e como base para a gestão de recursos naturais. Nas práticas agrícolas tradicionais, os agricultores desenvolveram um sistema eficiente de produção agrícola através de gerações de experiência e conhecimento íntimo do seu ambiente. Adubo orgânico líquido, como beejamrutha , jeevamrutha , panchagavya , amruthpani , pasta de biogás, etc., desempenha um papel importante na melhoria do crescimento e rendimento das culturas. Além disso, também melhoram as propriedades físicas, químicas e biológicas do solo e também atuam como substâncias promotoras de crescimento e de rendimento.

A adubação verde é o processo de cultivo e incorporação intencional das mesmas ao solo na fase verde vegetativa ou na fase de floração. A adubação verde é uma agricultura natural. A adubação verde ajuda a melhorar as propriedades físicas e químicas do solo. A adubação verde é um método de substituir uma cesta de composto por um punhado de sementes. Geralmente, qualquer planta não lenhosa pode ser usada como adubação verde. Por exemplo, o cânhamo Sunn (*Crotalaria juncea* L.), o dhaincha (*Sesbania aculeata* L.), o berseem (*Trifolium alexandrinum*), o feijão nhemba (*Vigna unguiculata*) e o feijão-mungo (*Vigna radiata*) são as culturas de adubação verde comummente utilizadas. As culturas de adubação verde também podem ser utilizadas como ração animal e na produção de fibras. As culturas de adubação verde são incorporadas ao solo ainda verdes ou logo após a floração. O cultivo contínuo em um determinado local por um longo período de tempo reduz a matéria orgânica do solo e afeta as propriedades do solo. O uso de fertilizantes inorgânicos, herbicidas e pesticidas deteriora as propriedades físicas, químicas e biológicas do solo. (Bista e Dahal 2018)

A adubação verde, de origem orgânica, ajuda a manter a qualidade do solo e a melhoria da fertilidade como um todo, atendendo a parte das necessidades nutricionais das culturas. A adubação verde pré-época de Sesbania aculeate (dhaincha) e a sua incorporação in situ melhoraram o crescimento e a produtividade dos cereais seguintes, particularmente do arroz. O uso equilibrado de nutrientes através de orgânicos como esterco de fazenda, vermicomposto, adubação verde, torta de nim e biofertilizantes são pré-requisitos para sustentar a fertilidade do solo, para produzir o máximo rendimento das culturas com um nível ideal de insumos (Dahiphale *et al*., 2003).

Jeevamrut é um adubo orgânico líquido popularmente usado como meio de agricultura orgânica. É considerada uma excelente fonte de 'carbono natural', 'biomassa', 'Nitrogênio', 'Fósforo' 'Potássio' e muitos outros micronutrientes necessários para as culturas. Em comparação com outras formas de estrume, compostos, vermi - composto, Jeevamrut pode ser preparado muito rapidamente e provou ser muito mais eficaz. O uso de Jeevamrut junto com outros adubos também pode ser benéfico. Vermiwash é um fertilizante líquido coletado após a passagem da água por uma coluna de ativação do verme. É uma coleção de produtos excretores e secretores de minhocas, juntamente com micronutrientes medidos do solo e moléculas orgânicas do solo que são úteis para as plantas (Kaur *et al* ., 2015).

As substâncias húmicas são facilmente encontradas nos solos e influenciam o crescimento das plantas direta e indiretamente (Cimrin e Yilmaz, 2005). Eles têm influências indiretas no crescimento das plantas porque podem melhorar propriedades do solo, como agregação, aeração, permeabilidade, capacidade de retenção de água, atividade hormonal, crescimento microbiano, mineralização e solubilização da matéria orgânica e disponibilidade de microelementos (Fe, Zn e Mn) e alguns macroelementos. Elementos (K, Ca e P) (Sharif *et al.*, 2002). Diretamente, afetam os processos associados à absorção e transporte de substâncias húmicas para os tecidos vegetais (Nardi *et al*., 2002). As substâncias húmicas melhoram o rendimento e a qualidade de uma variedade de plantas, incluindo grãos (Jones *et al* ., 2007 ; Ulukan , 2008).

Substâncias orgânicas naturais, como os ácidos húmicos, desempenham um papel essencial na garantia da fertilidade do solo e na nutrição das plantas. A adição de tais moléculas ao solo ou através de pulverização foliar juntamente com uma quantidade adequada de fertilizantes convencionais melhora a eficiência da aplicação de fertilizantes, além de promover a conversão de formas indisponíveis de nutrientes em formas disponíveis.

Tendo esses pontos em vista, a pesquisa proposta intitulada "Resposta do arroz transplantado cultivado organicamente (*Oryza Sativa* L.) a diferentes fontes de adubação verde e estimulantes de crescimento sob solos lateríticos de Konkan" está planejada para ser realizada na Fazenda Agronomia, Faculdade de Agricultura , Dapoli durante a temporada kharif de 2019 com os seguintes objetivos.

1. Estudar o efeito da adubação verde e dos estimulantes de crescimento no crescimento e na produtividade do arroz.
2. Estudar o efeito da interação entre adubação verde e estimulantes de crescimento.

3. Estudar o efeito da adubação verde e dos estimulantes de crescimento nas propriedades do solo.
4. Estudar a economia de diferentes tratamentos.

CAPÍTULO II

REVISÃO DE LITERATURA

Uma breve revisão de trabalhos de pesquisa relevantes e recentes relacionados ao tema de pesquisa intitulado " Resposta do arroz transplantado cultivado organicamente (*Oryza sativa* L.) a diferentes fontes de adubação verde e estimulantes de crescimento sob solos lateríticos de *Konkan* " foi feita e apresentada em este capítulo. A literatura disponível referente ao aspecto sob investigação é revisada nos seguintes títulos.

2.1 Efeito da adubação verde no arroz.

2.1.1 Efeito nos atributos de crescimento da cultura.

2.1.2 Efeito no rendimento e nos atributos de rendimento da cultura.

2.1.3 Efeito na qualidade e absorção de nutrientes pela cultura.

2.1.4 Efeito nas propriedades do solo.

2.1.5 Efeito na economia.

2.2 Efeito dos estimulantes de crescimento no arroz.

2.2.1 Efeito nos atributos de crescimento da cultura.

2.2.2 Efeito no rendimento e nos atributos de rendimento da cultura.

2.2.3 Efeito na qualidade e absorção de nutrientes pela cultura.

2.2.4 Efeito nas propriedades do solo.

2.2.5 Efeito na economia.

2.3 Efeito da interação entre adubação verde e estimulantes de crescimento no arroz.

2.3.1 Efeito nos atributos de crescimento da cultura.

2.3.2 Efeito no rendimento e nos atributos de rendimento da cultura.

2.3.3 Efeito na qualidade e absorção de nutrientes pela cultura.

2.3.4 Efeito nas propriedades do solo.

2.3.4 Efeito na economia.

2.1. Efeito da adubação verde no arroz *Kharif*

A literatura disponível relacionada ao efeito da adubação verde no arroz kharif é apresentada abaixo,

2.1.1 Efeito no crescimento e desenvolvimento

Talashilkar e Chavan (1997) descobriram que a incorporação de 10 t ha $^{-1}$ de adubação de folhas verdes com *glicicídia* pouco antes do transplante do arroz aumentou significativamente os parâmetros de crescimento, durante a estação *kharif* em Dapoli .

Hemalata *e outros.* (2000) conduziram experimentos de campo durante a temporada *kharif*, 1996-97 e 1997-98 em arroz em Madurai (Tamil Nadu) e relataram que a incorporação de dhaincha @ 12 t ha $^{-1}$ registrou maior altura de planta (97,61cm), número de perfilhos colina $^{-1}$ (19,55), índice de área foliar (IAF; 6,85), produção de matéria seca (13.848 kg ha $^{-1}$) em comparação aos demais tratamentos orgânicos.

Channabasappa *e outros.* (2004) durante investigação na Estação de Pesquisa Agrícola (Paddy), Sirsi , Karnataka, descobriu que um número significativamente máximo de panículas m $^{-1}$ foi registrado com adubação foliar de glicicídia (396).

Yadana *e outros.* (2009) O experimento em vaso foi conduzido no fitotron (25°C, 70% UR) sob condições de luz natural na Universidade de Kyushu, Japão, de maio a junho de 2008. Observou que o tratamento com adubo verde (*Sesbania rostrata*) aumentou significativamente a altura da planta (69 cm), número de panículas planta $^{-1}$ (23), massa seca total planta $^{-1}$ (34,45 g) e peso de grãos planta $^{-1}$ (17,04 g) de arroz sobre uréia e sem tratamento de aplicação.

Siavoshi *e outros.* (2010) o experimento foi realizado no Centro de Pesquisa Baykola , Neka, Mazandaran, Irã, em 2008 e 2009. Revelou que a aplicação de 2 toneladas ha $^{-1}$ de fertilizante orgânico (com base em esterco de vaca, esterco de aves e arroz em casca) produziu altura de planta significativamente maior. (132,22cm), número total de perfilhos colina $^{-1}$ (11,19), matéria seca colina $^{-1}$ (51,35 g) de arroz em comparação com outros tratamentos com adubação orgânica.

Hargilas e Sharma (2015) realizaram experimentos de campo no Instituto Indiano de Pesquisa Agrícola, em Nova Delhi, durante a temporada *kharif* de 2002 e 2003 e revelaram que a aplicação de adubo verde de sesbania registrou altura de planta significativamente maior (105,3 e 109,7 cm), número de perfilhos m $^{-1}$ (383 e 418,4), número de panículas m $^{-1}$ (260 e 315) e comprimento de panícula (25,7 e 26,7 cm) em 2002 e 2003 respectivamente em relação aos demais tratamentos com esterco.

Islã *e outros.* (2015) o experimento foi conduzido na Estação Regional de Pesquisa de Trigo do Instituto de Pesquisa Agrícola de Bangladesh (BARI), Shyampur , Rajshahi , Bangladesh. A aplicação registrada de adubo verde *sesbania aculeata* proporcionou número significativamente maior de perfilhos efetivos colina $^{-1}$ (7,92), número de grãos panícula $^{-1}$ (111,01) e peso de 1.000 grãos (23,01 g) de arroz em relação ao controle.

2.2 Efeito no rendimento e atributos de rendimento

Bhattacharya e Mandal (1996) revelaram que *Sesbania rostrata* como adubo verde resultou em aumento no rendimento de grãos de 18,21 a 54,82% e no rendimento total de matéria seca de 20,63 a 57,61% em relação ao controle.

Turkhede *e outros* . (1996) relataram que a incorporação de folhas *de Gliricídia* como adubo verde 5 t ha $^{-1}$ na época do transplante aumentou significativamente o rendimento de grãos e palha do arroz em relação à ausência de adubação verde em 8,68% e 11,21%, respectivamente.

Hiremath e Patel (1998) registraram incorporação in-situ de dhaincha @ 12 toneladas ha $^{-1}$ aumentou significativamente a panícula m $^{-2}$ (420,20), comprimento da panícula (20,54 cm), panícula total de grãos $^{-1}$ (135,74), panícula de grãos cheios $^{-1}$ (106,63) e peso teste (22,15 g) de arroz sem adubo orgânico.

Dwivedi e Thakur (2000) conduziram experimentos de campo durante a temporada kharif de 1995 e 1996 em Pusa , Bihar e descobriram que o adubo verde espinhoso sesban ou dhaincha com 14 toneladas de biomassa verde registrou rendimento de grãos significativamente maior (47,70 e 40,40 q ha $^{-1}$). em 1995 e 1996, respectivamente, do que os outros tratamentos senhoriais.

Hemalata *e outros.* (2000) conduziram experimentos de campo durante 1996-1998 em Tamil Nadu, Índia. Eles revelaram que a incorporação *in situ* de dhaincha a 12 t ha $^{-1}$ aumentou notavelmente o rendimento de grãos em 6.374 kg ha $^{-1}$ (18%) e o rendimento de palha em 8.411 kg ha $^{-1}$ (16%) de arroz sem adubação orgânica.

Paikaray *e outros* . (2001) registraram a aplicação de sesbania deu componentes de rendimento significativamente mais elevados de arroz, *a saber* , panícula m $^{-2}$ (283 e 300), espiguetas férteis panícula $^{-}$

^{1} (98 e 111) e peso de 1000 grãos (29,0 e 29,1 g) em 1997 e 1998, respectivamente, à incorporação de feijão-caupi e palha de trigo.

de Abro e Abbasi (2002) foi conduzida na variedade de arroz DR-82 no Instituto de Pesquisa Agrícola Dokri , Paquistão, para determinar o efeito da adubação verde (Dhaincha) no rendimento do arroz e revelou que a *sesbânia rostrata* como adubo verde resultou em aumento na produtividade de grãos (5.525 kg ha $^{-1}$) em relação ao controle (4.000 kg ha $^{-1}$).

Channbasappa *e outros.* (2004) conduziram experimentos de campo na Estação de Pesquisa Agrícola (Paddy), Sirsi , Karnataka, durante a temporada kharif de 2001 a 2003, para estudar o efeito de fontes de adubos de folhas verdes no crescimento, rendimento e produtividade do arroz de várzea. Observou-se que a aplicação de glicicídia registrou produtividade de grãos (7.350 kg ha $^{-1}$) e de palha (8.738 kg ha $^{-1}$) significativamente maiores do arroz em relação ao controle.

Tilak (2004) conduziu experimento em casa de vegetação com solo franco-argiloso-arenoso durante o verão e relatou que a adubação verde com sesbania rostrado resultou em efeito significativo na biomassa seca da parte aérea (38,5 e 30,5 g), rendimento de grãos (10,8 e 11,5 g) e atividade da nitrogenase (102,8 e 85,6) de arroz e trigo, respectivamente, em comparação com o controle.

Sharma *et al* . (2006) indicaram que a aplicação da adubação verde de Sesbania aumentou a produtividade de grãos (14,3 q ha $^{-1}$) em relação ao controle.

Singh *et al* . (2006) constataram que a incorporação de sesbânia com 40 e 50 dias de idade registrou perfilhos efetivos 9,27% e 13,04%

maiores, respectivamente, em comparação com a ausência de adubação verde.

de Deshpande e Devasenapathy (2010) foi conduzido durante a temporada de Rabi de 2008-09 em solo argiloso em terras úmidas sob ensaio de adubo orgânico de longo prazo, TNAU, Coimbatore, para estudar o efeito do adubo verde e diferentes fontes de adubos orgânicos no rendimento e propriedades químicas do solo do arroz. Revelou que a incorporação in situ de adubação verde registrou produtividade de grãos e palha significativamente maior (3.317 e 5.305 kg ha $^{-1}$, respectivamente) em comparação com a ausência de adubação verde.

Siavoshi *e outros.* (2010) o experimento foi realizado no Baykola Research Centre, Neka, Mazandaran, Irã em 2008 e 2009. Relatou que número máximo de panícula m $^{-2}$ (329,58), peso de teste (25,42 g), rendimento de grãos (4335,88 kg ha $^{-1}$) e a produtividade biológica (7.863 kg ha $^{-1}$) de arroz foram registradas com 2 toneladas ha $^{-1}$ de fertilizante orgânico

Hargilas e Sharma (2015) realizaram experimentos de campo no Instituto Indiano de Pesquisa Agrícola, em Nova Delhi, durante a temporada *kharif* de 2002 e 2003. Observou-se que a aplicação de adubo verde de sesbania registrou atributos de rendimento significativamente maiores e rendimento de arroz, *viz.* , panícula de grãos cheia $^{-1}$ (86,5 e 125,8), panícula de grãos não cheia $^{-1}$ (21,2 e 27,0), massa experimental (22,7 e 22,8 g), produtividade de grãos (3,89 e 4,68 t ha $^{-1}$), produtividade de palha (6,60 e 7,16 t ha $^{-1}$) e índice de colheita (37,7 e 38,2 %) em 2002 e 2003, respectivamente, em relação aos demais tratamentos com fertilizantes.

Islã *e outros.* (2015) o experimento foi conduzido na Estação Regional de Pesquisa de Trigo do Instituto de Pesquisa Agrícola de

Bangladesh (BARI), Shyampur , Rajshahi , Bangladesh. Concluiu -se que a aplicação de sesbania aculeata como adubo verde registrou produtividade de grãos (3,75 t ha $^{-1}$) e palha (4,77 t ha $^{-1}$) de arroz significativamente maior do que o controle.

O experimento de Chanda e Sarwar (2017) foi conduzido no Laboratório de Campo do Departamento de Botânica de Culturas, Universidade de Agricultura de Bangladesh, Mymensingh, para descobrir o efeito da incorporação de dhaincha no rendimento subsequente da cultura de arroz e no status de nutrientes do solo pós-colheita. Eles revelaram que a incorporação de dhaincha (semente 60 kg ha $^{-1}$) registrou maior produtividade de grãos (5,81 t ha $^{-1}$) em relação ao controle (4,35 t ha $^{-1}$).

Natarajan e Guru (2019) realizaram experimentos de campo na Tamil Nandu Agricultural University, Coimbatore, nas temporadas de Kharif e Rabi de 2011-12 e 2012-13 e revelaram que a aplicação de *sesbania aculeata* proporcionou rendimento de grãos e palha de arroz significativamente maior (5050, 7.690 kg ha $^{-1}$) e (5.713, 7.950 kg ha $^{-1}$) e (5.215, 7.120 kg ha $^{-1}$) e (5.625, 7.350 kg ha $^{-1}$) durante 2011-12 e 2012-13 respectivamente na temporada kharif e rabi .

Suryanvanshi e Singh (2019) foi conduzido por Krishi Vigyan Kendra, Mohali em seis campos de agricultores em três aldeias diferentes do distrito de Mohali durante a temporada kharif de 2017 para avaliar o efeito da adubação verde in situ na suplementação de nutrientes e no aumento do rendimento e da produtividade da água do arroz. . Os resultados revelaram que a maior produtividade de grãos foi obtida com 50% NPK através de FYM + adubação verde (8,2 t ha $^{-1}$), seguida da produtividade de grãos obtida após 50% NPK através de adubo químico + adubação verde (7,8 t ha $^{-1}$).

1.3 Efeito na qualidade e absorção de nutrientes da cultura

Paikaray *e outros.* (2001) observaram que a absorção total de N, P e K no sistema de cultivo de arroz e trigo aumentou significativamente devido à adubação verde de Sesbania. O tratamento com adubação verde de Sesbania resultou na remoção de 199,8 kg N ha $^{-1}$, 36,5 kg P ha $^{-1}$ e 241,9 kg K ha $^{-1}$.

Premi *et al.* (2003) registaram na cultura do arroz que o actual aumento na absorção de N foi de 150,97 por cento, a absorção de P foi de 102,88 por cento e a absorção de K foi de 84,27 por cento pelo tratamento com adubo verde dhaincha em relação ao controlo.

Gunri *e outros.* (2004) concluíram que a eficiência do uso do nitrogênio foi maior no arroz tratado com adubação verde (20,5 kg grãos kg $^{-1}$ N) do que no controle (16,7 kg grãos Kg $^{-1}$ N).

Tilak (2004) conduziu experimento em casa de vegetação com solo franco-argiloso-arenoso durante o verão e relatou que a adubação verde com rostrado de sesbania resultou em efeito significativo no teor de N total (mg por g de peso seco) na parte aérea (7,5 e 9,2) e grãos (14,5 e 19,8) de arroz e trigo, respectivamente, em comparação com o controle.

Singh *et al.* (2006) opinaram que a absorção de nitrogênio foi máxima com a incorporação de dhaincha (126,5 kg ha $^{-1}$) no solo, o que foi 10,57% maior do que nenhum tratamento com adubação verde na cultura do arroz.

de Deshpande e Devasenapathy (2010) foi conduzido durante a temporada de Rabi de 2008-09 em solo argiloso em terras úmidas sob ensaio de adubo orgânico de longo prazo, TNAU, Coimbatore, para estudar o efeito do adubo verde e diferentes fontes de adubos orgânicos no rendimento e propriedades químicas do solo do arroz. A incorporação de dhaincha como adubo verde registrou maior absorção de N (88,70 kg ha $^{-1}$), P (19,02 kg ha $^{-1}$) e K (89,26 kg ha $^{-1}$) do que a incorporação sem adubação verde.

Hargilas e Sharma (2015) realizaram experimentos de campo no Instituto Indiano de Pesquisa Agrícola, em Nova Delhi, durante a temporada *kharif* de 2002 e 2003. Observou-se que a aplicação de adubo verde de sesbânia registrou absorção significativamente maior de N (76,8 e 115,7 kg ha $^{-1}$), absorção de P (13 e 19,1 kg ha $^{-1}$) e absorção de K (97,4 e 139,4 kg ha $^{-1}$) em 2002 e 2003, respectivamente. em relação a outro tratamento.

1.4 Efeito nas propriedades do solo

Chaphale *e outros.* (2000) notaram que a adição de Gliricídia como adubo verde durante um período de 5 anos levou a um aumento no carbono orgânico, nitrogênio total, N, P, K disponíveis e capacidade de retenção de água, mas a densidade aparente do solo diminuiu em comparação com o controle.

Channbasappa *e outros.* (2004) relataram que foi registrado nitrogênio disponível no solo significativamente maior com a adubação foliar com glicicídia (256,1 kg ha $^{-1}$) em comparação com outros tratamentos.

Sharma *et al.* (2004) descobriram que a aplicação de sesbânia como cultura de adubo verde no sistema de cultivo de arroz-trigo e arroz-milho aumentou o carbono orgânico e os níveis disponíveis de nitrogênio, fósforo e potássio no solo.

Tilak (2004) relatou que contagens microbianas *viz.* , bactérias (155×10 $^{-5}$ g $^{-1}$), actinomicetos (4,9×10 $^{-4}$ g $^{-1}$), fungos (0,9×10 $^{-4}$ g $^{-1}$), Azotobacter (105×10 $^{-2}$ g $^{-1}$), Azospirillum (29,7×10 $^{-4}$ g $^{-1}$) e PSB (5,4×10

$^{-2}$ g $^{-1}$) foram marcadamente maiores no solo onde a adubação verde com *rostrato de sesbania* foi incorporada do que no solo em pousio.

Singh *et al.* (2006) observaram que a incorporação de sesbânia com 40 e 50 dias de idade como adubo verde adicionou 1,94 e 4,05 t ha $^{-1}$ de biomassa seca ao solo, o que contribuiu com 46,5 e 96,6 kg N ha $^{-1}$ respectivamente, para a cultura do arroz em comparação com a ausência de vegetação. estrume.

Deshpande e Devasenapathy (2010) Maiores totais disponíveis de N (249,2 kg ha $^{-1}$) e P (20,30 kg ha $^{-1}$) foram observados com a incorporação de adubação verde em comparação com sem adubação verde.

Dubey *et al.* (2010) concluem que entre os adubos verdes *Sesbania aculeata* acumulou a maior quantidade de biomassa e contribuição de nitrogênio e entre as leguminosas de grão, o feijão-caupi ocupa o primeiro lugar tanto em termos de rendimento de grãos quanto de adição de biomassa.

Webi *e outros.* (2016) observaram que sesbania rostrata, quando arada aos 34-42 dias após a semeadura, pode adicionar 90 a 150 kg N ha $^{-1}$ e 7,4 t ha $^{-1}$ de biomassa ao solo. estrume, pode duplicar a produção de arroz após um ciclo de cultivo de arroz.

1.5 Economia da adubação verde

Kumari *et al.* (2009) na Birsa Agricultural University, Ranchi descobriu que a incorporação de adubo verde dhaincha @ 5 t ha $^{-1}$ + FYM @ 10 t ha $^{-1}$ foi considerado o sistema de manejo de nutrientes orgânicos mais apropriado para maior produtividade, bem como lucratividade em produtos perfumados. arroz.

Kumar *et al* . (2011) o experimento de campo foi conduzido durante a estação chuvosa (kharif) de 2004, 2005 e 2006 na fazenda experimental, Hawalbagh (298360 N, 798400 E e 1.250 m acima do nível médio do mar) do Vivekananda Institute of Hill Agriculture, Almora , Uttarakhand. Informou que uma maior produtividade e poupança de mão-de-obra sob adubação verde resultaram num maior retorno líquido (8.971 Rs. ha^{-1}) e relação benefício:custo (1,49).

Hargilas e Sharma (2015) realizaram experimentos de campo no Instituto Indiano de Pesquisa Agrícola, em Nova Delhi, durante a temporada *kharif* de 2002 e 2003. Observou-se que a aplicação de adubo verde de sesbânia registrou retorno bruto significativamente maior (34.175 e 41.020 Rs. ha^{-1}) e retorno líquido (13.203 e 20.048 Rs. ha^{-1}) em 2002 e 2003, respectivamente, em relação a outros tratamentos.

Natarajan e Guru (2019) em Coimbatore descobriram que a aplicação de *sesbania aculeata* proporcionou maior retorno líquido e relação custo-benefício de Rs. 14192 e Rs. 48.302 ha^{-1} e 2,19 e 2,39 durante 2011-12 e 2012-13, respectivamente, na temporada *kharif* e *rabi* .

Suryanvanshi e Singh (2019) foi conduzido por Krishi Vigyan Kendra, Mohali em seis campos de agricultores em três aldeias diferentes do distrito de Mohali durante a temporada kharif de 2017 para avaliar o efeito da adubação verde in situ na suplementação de nutrientes e no aumento do rendimento e da produtividade da água do arroz. . revelou que o maior retorno líquido (Rs. ha^{-1} 85.240) e relação B:C (2,39) foi obtido com 50% de NPK através de FYM + adubo verde.

2.2 Efeito dos estimulantes de crescimento no arroz.

A literatura disponível relacionada ao efeito dos estimulantes de crescimento no arroz kharif é apresentada abaixo,

2.2.1 Efeito no crescimento e desenvolvimento

Kavitha *et al.* (2010) conduziram experimento no Agricultural College and Reasearch Institute, Madhurai durante as temporadas kharif de 2006 e 2007, relataram que a pulverização foliar de ácido húmico a 0,1% duas vezes aos 30 e 45 DAT resultou em aumento significativo na altura da planta (96,57 cm), LAI na floração (5.53), produção de matéria seca na colheita (15.884 kg ha $^{-1}$) em relação ao controle.

Saruhan *e outros.* (2011) realizaram experimentos de campo na Turquia durante a estação de cultivo de 2005 e 2006 para estudar o efeito do ácido húmico no milheto (*Panicum milliaceum* L.). Eles descobriram que os maiores valores para altura de planta (73 cm), comprimento de cacho (25,05 cm), peso de 1.000 grãos (5,58 g), concentração de proteína bruta (9,95%) e número de grãos por cacho (904) foram obtidos a partir da aplicação de ácido húmico. às folhas (100%) sobre o controle.

Mais *e outros.* (2013) o experimento foi realizado na Fazenda Instrucional, Navasari , Índia durante o inverno de 2010. Eles descobriram que a aplicação de 3 pulverizações de vermiwash (20, 40 e 60 DAS) produziu atributos de crescimento significativamente maiores do milho, a saber, altura da planta (177,49 cm), matéria seca planta $^{-1}$ (18.507 g) e IAF (2,26) sobre pulverização sem vermiwash .

Osman *et al.* (2013) o experimento de campo foi realizado na fazenda experimental Gemmeiza Agriculture Research Station (Middle Delta, Egito) durante duas temporadas sucessivas de verão de 2010 e 2011. Concluíram que a aplicação foliar de ácido húmico 5 g L $^{-1}$

registrou altura de planta significativamente maior (91,45 e 96,40 cm), número de perfilhos m $^{-2}$ (552,5 e 577,5) e peso de 1.000 grãos (28,58 e 29,34 g) de arroz em 2010 e 2011, respectivamente, sem tratamento com ácido orgânico.

Saha *et al.* (2013) conduziram um experimento de campo durante a temporada Aman, de agosto a novembro de 2010, na Fazenda Central da Universidade Agrícola de Bangladesh, Mymensingh. Eles registraram que a aplicação de ácido húmico a 3 L ha $^{-1}$ produziu altura de planta significativamente maior (86,33 cm), perfilho total $^{-1}$ (11,56) e perfilho efetivo $^{-1}$ (10,78) de arroz em comparação ao controle.

Inamullah e Naeem Ali (2014) realizaram experimentos de campo na New Development Farm, The University of Agriculture, Peshawar durante rabi 2011-12 e relataram que o ácido húmico @ 4, 6 e 2 kg ha $^{-1}$ produziu maiores espigas m $^{-2}$ (527), espiga de grãos $^{-1}$ (55) e peso de 1000 grãos (44,72 g) de trigo em comparação com o controle.

Kumar *et al.* (2014) o experimento durante a temporada kharif de 2009 e 2010 foi conduzido na rede do Departamento de Ciência do Solo e Química Agrícola, Instituto de Ciências Agrícolas, Banaras Hindu University, Varanasi. Eles concluíram que a aplicação de humato de potássio no solo a 10 mg kg $^{-1}$ de solo proporcionou plantas significativamente maiores (139,91 e 140,10 cm) e número de perfilhos vasos $^{-1}$ (17,95 e 18,61) na colheita do arroz em 2009 e 2010, respectivamente, em relação ao controle.

Saranraj e Thiruppathi (2015) realizaram experimento de campo em Annamalai (TN) para estudar a influência do vermiwash no crescimento, atributos de rendimento e absorção de nutrientes do arroz durante 2013. Eles notaram que a aplicação de vermiwash a 5%

no perfilhamento e na fase de floração produziu altura de planta (100 cm), número de perfilhos cova $^{-1}$ (14) e produção de matéria seca (11.715 kg ha $^{-1}$) significativamente maiores em comparação ao controle.

Ramesh *et al.* (2015) conduziram um experimento de campo durante julho a outubro de 2015 sob solo argiloso profundo na Fazenda Experimental, Faculdade de Agricultura da Universidade Annamalai para estudar o efeito da nutrição foliar orgânica no crescimento e rendimento do milho (*Zea mays* L.). O estudo revelou que a pulverização foliar de 5% de jeevamrutha aos 20, 40 e 60 DAS registrou significativamente maior parâmetro de crescimento do milho, a saber, altura da planta (202,57 cm), índice de área foliar (IAF) (8,09), produção de matéria seca (13.485 kg ha $^{-1}$), número de espigas de grãos $^{-1}$ (438,73), peso teste (28,93 g) em relação ao controle.

Rasool *et al.* (2015) realizaram experimentos de campo durante a temporada rabi de 2011-12 e 2012-13 na Adaptive Research Farm Sheikhupurna , Punjab, Paquistão sobre o efeito de diferentes níveis de ácido húmico para obter maior rendimento da colheita de trigo (*Triticum aestivum*). Eles relataram que maior número de perfilhos produtivos m $^{-2}$ (260), peso de 1.000 grãos (35,6 g) e produtividade de grãos (3.233 kg ha $^{-1}$) com ácido húmico @ 10, 15, 20 e 25 kg ha $^{-1}$ em comparação com 205, 33,5 g e 2.433 kg ha $^{-1}$ com 0 kg de ácido húmico ha $^{-1}$ respectivamente durante o ano 2011-2012. Da mesma forma, número de perfilhos produtivos m $^{-2}$ (230), peso de grãos de 1.000 (33,5 g) e rendimento de grãos (3.300 kg ha $^{-1}$) com ácido húmico @ 10, 15, 20 e 25 kg ha $^{-1}$ em comparação com 202, 32,1 ge 2.750 kg ha $^{-1}$ com 0 kg de ácido húmico respectivamente durante o ano 2012-2013.

O experimento de campo de Raman e Krishnamoorthy (2019) foi realizado na Fazenda Experimental, Departamento de Agronomia, Universidade Annamalai durante setembro de 2016 a janeiro de 2017. Eles revelaram que a aplicação foliar de vermiwash 6% registrou a maior altura de planta (93,94 cm), número de perfilhos $^{-1}$ (12,37) e produção de matéria seca (9,14) da cultura do arroz em relação aos demais tratamentos orgânicos.

2.2.2 Efeito no rendimento e atributos de rendimento

Thangavel *e outros.* (2003) observaram que a aplicação de vermiwash e extrato de vermicast aumentou o crescimento e a produtividade do arrozal.

Definir *e outros* . (2005) experimento foi conduzido na Itália para estudar o efeito da aplicação foliar de ácido húmico no crescimento e rendimento do trigo duro. Eles descobriram que a aplicação foliar de ácido húmico proporcionou rendimento de grãos significativamente maior (3,59 t ha $^{-1}$) em comparação ao controle.

Sivakumar *et al.* *(* 2007) o experimento de campo foi realizado na Fazenda Central, Faculdade Agrícola e Instituto de Pesquisa, Killikulum , Tamil Nadu. Revelou que a aplicação de ácido húmico 10 kg ha $^{-1}$ como aplicação no solo com 0,1% de pulverização foliar de ácido húmico produziu rendimento de grãos significativamente maior 2.705 kg ha $^{-1}$ e rendimento de palha 4.058 kg ha $^{-1}$ de arroz em comparação com o controle 2.337 kg ha -1 $^{-1}$ e 3.506 kg ha $^{-1}$ respectivamente.

Kavitha *et al.* (2010) conduziram experimento no Agricultural College and Reasearch Institute, Madhurai durante as temporadas kharif de 2006 e 2007 e revelaram que a pulverização foliar de ácido húmico a 0,1% duas vezes aos 30 e 45 DAT produziu comprimento máximo de panícula significativamente (21,92 cm), perfilhos produtivos m $^{-2}$ (416), total de grãos panicale $^{-1}$ (135), produtividade de grãos (7.632 kg ha $^{-1}$) e produtividade de palha (8.697 kg ha $^{-1}$) acima da testemunha.

Saruhan *e outros* . (2011) realizaram experimento de campo na Turquia durante a estação de crescimento de 2005 e 2006 para estudar o efeito do ácido húmico no milheto (*Panicum miliaceum* L.) relataram que a aplicação de ácido húmico nas folhas (100%) produziu maior rendimento de grãos (46,11 kg ha $^{-1}$) de trigo em relação ao controle.

Aulakh *et al.* (2013) realizaram experimentos de campo na Punjab Agricultural University, Ludhiana e revelaram que a aplicação de jeevamrut aumenta significativamente o rendimento de grãos de 7,33 t ha $^{-1}$ e 4,08 t ha $^{-1}$ de arroz e trigo, respectivamente.

Mais *e outros.* (2013) experimento foi realizado na Fazenda Instrucional, Navasari , Índia durante o inverno de 2010 e revelou que a aplicação de 3 pulverizações de vermiwash (20, 40 e 60 DAS) aumentou significativamente o rendimento de grãos (5.306 kg ha $^{-1}$), o rendimento biológico (7.253 kg ha $^{-1}$) e índice de colheita (42,06 %) de milho.

Osman *et al.* (2013) o experimento de campo foi realizado na fazenda experimental Gemmeiza Agriculture Research Station (Middle Delta, Egito) durante duas temporadas sucessivas de verão de 2010 e 2011. Descobriu que a aplicação foliar de ácido húmico 5 g L $^{-1}$ registrou rendimento de grãos significativamente maior (3,825 e 3.963 t ha $^{-1}$) e produtividade de palha (3.426 e 3.536 t ha $^{-1}$) de arroz em 2010 e 2011 respectivamente.

Saha *et al.* (2013) conduziram um experimento de campo durante a temporada Aman, de agosto a novembro de 2010, na Fazenda Central da Universidade Agrícola de Bangladesh, Mymensingh. Observaram que maior comprimento de panícula (24,7 cm), panícula total de grãos $^{-1}$ (148,78), panícula de grãos cheios $^{-1}$ (137,56), peso experimental (20,16 g) e produtividade de grãos (3,20 t ha $^{-1}$) do arroz obtido a partir da aplicação ácido húmico @ 6 L ha $^{-1}$ em comparação ao controle.

Kumar *et al.* (2014) o experimento durante a temporada kharif de 2009 e 2010 foi conduzido na rede do Departamento de Ciência do Solo e Química Agrícola, Instituto de Ciências Agrícolas, Banaras Hindu University, Varanasi. Observou-se que a aplicação de hamato de potássio no solo a 10,0 mg kg $^{-1}$ de solo aumentou significativamente o comprimento da panícula (24,34 e 26,34 cm), a massa de ensaio (19,22 e 20,42 g), a produtividade de grãos (44,31 e 46,14 g vaso $^{-1}$), a produtividade de palha (55,64 e 56,70 g pote $^{-1}$) e índice de colheita (44,29 e 44,82 %) de arroz em 2009 e 2010 respectivamente.

Inamullah e Naeem Ali (2014) realizaram experimentos de campo na New Development Farm, Universidade dc Agricultura, Peshawar durante rabi 2011-12 e descobriram que ácido húmico @ 6 e 4 kg ha $^{-1}$ registrou maior rendimento de grãos (4.462 kg ha $^{-1}$) e produtividade biológica (11.738 kg ha $^{-1}$) de trigo em comparação aos demais tratamentos.

Saranraj e Thiruppathi (2015) realizaram experimento de campo em Annamalai (TN) para estudar a influência do vermiwash no crescimento, atributos de rendimento e absorção de nutrientes do arroz durante 2013 e registraram que vermiwash 5% no perfilhamento e na fase de floração deu panícula significativamente mais alta m $^{-2}$

(461), número de grãos cheios da panícula $^{-1}$ (95), produtividade de grãos (5.305 kg ha $^{-1}$) e produtividade de palha (6.767 kg ha $^{-1}$) de arroz.

Ramesh *et al.* (2015) conduziram um experimento de campo durante julho a outubro de 2015 sob solo argiloso profundo na Fazenda Experimental, Faculdade de Agricultura da Universidade Annamalai para estudar o efeito da nutrição foliar orgânica no crescimento e rendimento do milho (*Zea mays* L.) e concluíram que a aplicação foliar 5% jeevamrutha aos 20, 40 e 60 DAS registrou maior produtividade de grãos (5.863 kg ha $^{-1}$), produtividade de palha (8.119 kg ha $^{-1}$) e índice de colheita (41,93%) do milho.

O experimento de campo de Raman e Krishnamoorthy (2019) foi realizado na Fazenda Experimental, Departamento de Agronomia, Universidade Annamalai durante setembro de 2016 a janeiro de 2017. Observou que a nutrição foliar de vermiwash 6% apresentou maior número de colina de panícula $^{-1}$ (6,68), número de grãos cheios da panícula $^{-1}$ (92,79) e produtividade de grãos de arroz em relação aos demais tratamentos.

2.2.3 Efeito na absorção de nutrientes de qualidade pela cultura

Sathya Bama *et al* . (2004) um experimento foi conduzido com ácidos húmicos e fertilizantes na absorção de nutrientes no arroz, dois ensaios foram realizados durante rabi 2001, ou seja, um em Alfisol em terras úmidas da Universidade Agrícola de Tamil Nadu e outro em Inceptisol na Estação de Pesquisa Agrícola, Bhavanisagar . Revelou que a aplicação de ácido húmico registrou maior absorção de N (14,26 kg ha ^{1}), absorção de P (2,70 kg ha $^{-1}$) e absorção de K (11,59 kg ha $^{-1}$) na fase de perfilhamento, absorção de N (45,79 kg ha $^{-1}$), Absorção de P (10,91 kg ha $^{-1}$) e absorção de K (33,14 kg ha $^{-1}$) na floração e na colheita, a absorção de N (46,17 kg ha $^{-1}$), a absorção de P (10,67 kg ha $^{-1}$) e a absorção de K (11,37 kg ha $^{-1}$).

Sivakumar *et al.* (2007) o experimento de campo foi realizado na Fazenda Central, Faculdade Agrícola e Instituto de Pesquisa, Killikulum , Tamil Nadu. Revelou que a aplicação de 10 kg ha $^{-1}$ de ácido húmico no solo com 0,1% de pulverização foliar de ácido húmico registrou absorção significativamente maior de N (26,0 kg ha $^{-1}$), absorção de P (5,99 kg ha $^{-1}$) e absorção de K (31,78 kg ha -1). ha $^{-1}$) de arroz em comparação com o controle.

Osman *et al.* (2013) o experimento de campo foi realizado na fazenda experimental Gemmeiza Agriculture Research Station (Middle Delta, Egito) durante duas temporadas de verão sucessivas de 2010 e 2011. Descobriram que a aplicação foliar de ácido húmico 5 g L $^{-1}$ registrou valores significativamente mais elevados de N (54,88 e 57,89 kg ha $^{-1}$), P (13,64 e 15,95 kg ha $^{-1}$) e K (64,61 e 68,67 kg ha $^{-1}$) de grãos de arroz em 2010 e 2011 respectivamente.

Saha *et al.* (2013) observaram que a aplicação de ácido húmico 6 L ha- ^{1} registrou maior absorção de N nos grãos (44,16 kg ha $^{-1}$) e palha (75,21 kg ha $^{-1}$), maior absorção de P nos grãos (8,32 kg ha $^{-1}$) e palha (16,06 kg ha $^{-1}$) de arroz em comparação ao controle.

Arjumend *e outros.* (2015) Um experimento foi conduzido na estufa do departamento de solo e ciências ambientais da universidade de Poonch Rawalakot durante 2011–12. Estudar os efeitos do ácido húmico em algumas propriedades selecionadas do solo, crescimento e absorção de nutrientes do trigo *(triticum aestivum L.)* resultou na absorção de nutrientes em diferentes componentes do trigo (parte aérea e grãos). O aumento relativo no teor de N devido à aplicação de ácido húmico (AH) na parte aérea e nos grãos variou entre 7–11% e 6–15%, o teor de P 32–63% e 19–31% e o teor de K 38–63% e 7. –17%, respectivamente. O aumento na absorção total de NPK (broto+grãos) devido à aplicação de ácido húmico variou entre 21–57% para N, 44–96% para P e 32–62% para K.

Eshwar *et al.* (2017) experimento de cultura em maconha foi conduzido em estufa, faculdade de agricultura durante kharif 2016 para estudar o efeito de substâncias húmicas e fertilizantes químicos na absorção de nutrientes, produção de matéria seca de arroz aeróbico (Oryza sativa L.) e relatou que o N mais alto (A absorção de 13,2 g pote $^{-1}$) e K (18,43 g pote $^{-1}$) foi registrada no tratamento com ácido húmico.

2.2.4 Efeito nas propriedades do solo

Ansari e Sukhraj (2010) relataram que a combinação de vermicomposto e vermiwash [VW+VC] registrou uma influência significativa nas características bioquímicas do solo com melhoria acentuada nos micronutrientes do solo e melhor melhoria qualitativa nas propriedades físicas e químicas do solo.

Thamaraj *e outros.* (2011) experimento conduzido em Tamil Nadu e relatou que o solo tratado com mistura de vermicomposto e vermiwash melhorou significativamente as propriedades físico - químicas do solo em comparação com o solo não corrigido.

Aulakh *et al.* (2013) conduziram um experimento de campo na Punjab Agricultural University, Ludhiana e relataram que jeevamrutha aplicação de contagens significativamente mais altas de bactérias (23,2×10 $^{-6}$ e 20,5×10 $^{-6}$ em solo de arroz e trigo, respectivamente) e fungos (27,6×10 $^{-3}$ e 33,7×10 $^{-3}$ em solo de arroz e trigo, respectivamente) em comparação com o controle .

Akhatar *e outros.* (2014) revelaram que a aplicação de 2,5 kg ha $^{-1}$ de ácido húmico e 5 toneladas ha $^{-1}$ de incorporação de resíduos de feijão mungo aumentaram os teores de nitrogênio no solo e na planta de trigo.

Patel *et al.* (2018) Um experimento de campo foi conduzido na Fazenda Instrucional de Agronomia, Faculdade de Agricultura de Chimanbhai Patel, Sardarkrushinagar Dantiwada Agricultural University, Sardarkrushinagar-385506, Distrito Banaskantha (North Gujarat) durante kharif 2011 a 2016 para estudar o efeito de panchgavya e jivamrut no rendimento, propriedades químicas e biológicas do solo e absorção de nutrientes pelo amendoim kharif (*Arachis hypogaea* L.) e notado aquela população de bactérias benéficas, a saber, Rhizobium (238,3 UFC$\times 10^{-4}$ g $^{-1}$ solo), Azospirillum (150,3 UFC$\times 10^{-4}$ g $^{-1}$ solo) e Azotobacter (328,0 UFC$\times 10^{-4}$ g $^{-1}$ solo) foram aumentou com panchagavya 4% + jeevamrut @ 500 l ha $^{-1}$ como aplicação no solo na cultura do amendoim.

2.2.5 Efeito na economia

de Amreswari e Sujathamma (2014) foi conduzido durante três temporadas sucessivas de kharif e rabi durante 2007 e 2009 na vila de kothavaripalli , Madanapalle Mandal do distrito de Chittor , Andra Pradesh, com o objetivo de avaliar o impacto de Jeevamrutha na produção e retorno de dois variedades de arroz (*Oryza sativa*) Masura e Hamsa. Eles revelaram que em ambas as variedades a relação custo-benefício foi melhor com a aplicação do método Jeevamrutha , sendo 3,39 na variedade Masura e 3,0 na Hamsa, em comparação com 1,09 e 0,6 nos métodos químicos de produção de arroz, respectivamente.

Osman *et al.* (2013) o experimento de campo foi realizado na fazenda experimental Estação de Pesquisa Agrícola Gemmeiza (Delta Médio, Egito) durante duas temporadas sucessivas de verão de 2010 e 2011. Revelou que a aplicação conjunta de ácidos húmicos e fúlvicos obteve a maior média das duas temporadas para bruto renda, lucro líquido, relação benefício:custo e lucratividade do arroz em 26,26, 58,51, 25,56 e 57,82, respectivamente, em comparação com sem aplicação foliar de quaisquer ácidos orgânicos.

Saranraj (2016) conduziu experimentos de campo na Universidade Annamalai Annamalai Nagar para estudar o efeito da alimentação foliar com adubos orgânicos líquidos na produtividade e economia do arroz durante rabi 2012 e kharif 2012. Ele relatou que a aplicação foliar de vermiwash @ 5% no perfilhamento e floração registrou retornos líquidos significativamente mais elevados e relação B: C.

2.3 Efeito da interação entre adubação verde e estimulantes de crescimento no arroz.

A literatura disponível relacionada ao efeito da interação da adubação verde e dos estimulantes de crescimento no arroz kharif é apresentada abaixo,

2.3.1 Efeito no crescimento e desenvolvimento

Thamaraj *e outros.* (2011) conduziram o experimento para estudar a influência do vermicomposto e do vermiwash nas propriedades físico -químicas do solo cultivado com arroz em Annamalainagar (Tamil Nadu). Observou-se que a combinação de vermicomposto e vermiwash registrou aumento no número de folhas (19), comprimento da folha (9 cm), altura da planta (23 cm) e comprimento da raiz (15 cm) em comparação aos demais tratamentos.

Saha *et al.* (2013) conduziram um experimento de campo durante a temporada Aman, de agosto a novembro de 2010, na Fazenda Central da Universidade Agrícola de Bangladesh,

Mymensingh. Eles registraram que a aplicação de 3 L ha $^{-1}$ de ácido húmico com 6 t ha $^{-1}$ de esterco de aves produziu significativamente perfilhos totais na colina $^{-1}$ (12,33) e perfilhos efetivos na colina $^{-1}$ (10,33) em comparação ao controle.

de Sahare (2015) foi conduzido para conhecer a resposta dos adubos orgânicos no crescimento, rendimento e qualidade do arroz aeróbio durante o kharif 2011 em MARS, Dharwad. A combinação de tratamento orgânico EC(1/3)+ VC(1/3)+ GLM(1/3) equivalente a RDN com aplicação de jeevamrut @ 500 l ha $^{-1}$ no plantio, 30 e 60 DAS aplicado no solo registrou valores significativamente maiores componentes de crescimento principalmente altura de planta (42,28 cm), número de perfilhos cova $^{-1}$ (38,8), produção total de matéria seca (61,68 g).

Kandil *e outros.* (2020) um experimento de campo foi conduzido durante a temporada de 2017 e 2018 no Egito para estudar o efeito do adubo orgânico e das formas de potássio no crescimento e produção de milho (Zea mays L.). Verificou-se que a aplicação de 10 toneladas ha $^{-1}$ de composto com ácido húmico produziu altura de planta significativamente maior (203,7 e 209,3 cm), comprimento de espiga (18,4 e 18,0 cm), número de grãos espiga $^{-1}$ (663,3 e 686,0) e peso de 1000 grãos (44,8 e 48,3 g) de milho durante 2017 e 2018, respectivamente.

2.3.2 Efeito no rendimento e atributos de rendimento

Saha *et al.* (2013) conduziram um experimento de campo durante a temporada Aman, de agosto a novembro de 2010, na Fazenda Central da Universidade Agrícola de Bangladesh, Mymensingh. Eles observaram que os maiores totais de grãos da panícula $^{-1}$ (179,33), grãos cheios da panícula $^{-1}$ (167,67), massa de teste (20,27 g), produtividade de grãos (4,07 t ha $^{-1}$) e produtividade de palha (10,28 t ha $^{-1}$) foram obtidos a partir de aplicação de ácido húmico @ 6 L ha $^{-1}$ juntamente com esterco de aves 3 t ha $^{-1}$ em comparação ao controle.

de Sahare (2015) foi conduzido para conhecer a resposta dos adubos orgânicos no crescimento, rendimento e qualidade do arroz aeróbio durante o kharif 2011 em MARS, Dharwad. revelou que a combinação de tratamento orgânico CE (1/3) + VC (1/3) + GLM (1/3) equivalente a RDN com aplicação de jeevamrut @ 500 l ha $^{-1}$ no plantio, 30 e 60 DAS aplicado ao solo registrou significativamente maior produtividade de grãos e palha 2.409 kg ha $^{-1}$ e 3.575 kg ha $^{-1}$ respectivamente.

de Kumbar e Devakumar (2017) foi conduzido no Centro de Pesquisa de Agricultura Orgânica (OFRC), Universidade de Ciências Agrícolas, Bengaluru, Índia, sob irrigação protetora durante kharif 2014 e 2015 (julho a setembro). Descobriu que a aplicação de FYM (200% do equivalente de nitrogênio recomendado através do FYM) com jeevamrutha (1000 l ha $^{-1}$) registrou rendimento de vagens significativamente maior de 151,7 e 1705 q ha $^{-1}$, número de vagens 17,2 e 19,44 e peso fresco de vagens por plantou 88,75 e 105,84 g de feijão francês durante 2014 e 2015, respectivamente.

Kandil *e outros.* (2020) um experimento de campo foi conduzido durante a temporada de 2017 e 2018 no Egito para estudar o efeito do adubo orgânico e das formas de potássio no crescimento e produção de milho (Zea mays L.). Observou-se que a interação entre 10 toneladas ha $^{-1}$ de composto e ácido húmico resultou em maior produtividade de grãos (6,8 e 7,3 toneladas ha $^{-1}$) e produtividade de palha (9,7 e 10,1 toneladas ha $^{-1}$) de milho durante 2017 e 2018, respectivamente.

2.3.3 Efeito na qualidade e absorção de nutrientes

Bharat *et al.* (2015) um experimento de campo foi conduzido para a temporada kharif no ano de 2012 para estudar o efeito das fontes de nutrientes orgânicos nos parâmetros de qualidade e propriedades do solo do sorgo. Os resultados do experimento não indicaram influência significativa do manejo de nutrientes orgânicos ou seja in situ Adubação verde com crotalária e aplicação basal de FYM @ 3 t ha $^{-1}$ e torta de nim @ 0,5 t ha $^{-1}$ e pulverização foliar de fontes de nutrientes orgânicos como vermiwash 1% e 2% e ácido húmico 0,5% e 1% são feitas em duas divisões, ou seja, no estágio vegetativo máximo (40, 45 DAS) e no estágio de floração (60-65 DAS) em parâmetros de qualidade como Teor de proteína.

Kandil *e outros.* (2020) um experimento de campo foi conduzido durante a temporada de 2017 e 2018 no Egito para estudar o efeito do adubo orgânico e das formas de potássio no crescimento e produção de milho (Zea mays L.). Revelou que a aplicação de 10 toneladas ha $^{-1}$ de composto com ácido húmico resultou em maior teor de proteína (9,3% e 9,7%) e teor de K (1,8% e 1,9%) do milho durante 2017 e 2018, respectivamente.

2.3.4 Efeito nas propriedades do solo

Thamaraj *e outros.* (2011) conduziram o experimento para estudar a influência do vermicomposto e do vermiwash nas propriedades físico -químicas do solo cultivado com arroz em Annamalainagar (Tamil Nadu). O resultado revelou que a aplicação de vermicomposto no solo e a pulverização de vermiwash melhoraram as propriedades físicas (capacidade de retenção de água, porosidade e teor de umidade), químicas (pH e CE), bem como a fertilidade do solo (N, P, K, Ca e Mg) em relação ao solo. ao controle.

Patil *et al.* (2012) observaram que a maior população de bactérias (38 ufc×10 ^{8} g $^{-1}$ solo), fungos (23 ufc×10 ^{5} g $^{-1}$ solo) e actinomicetos (26 ufc×10 ^{6} g $^{-1}$ solo) foi registrada em aplicação de tratamento de 100 por cento de RDN através de vermicomposto com jeevamrut (30 e 45 DAS) em comparação com outras fontes orgânicas.

Rajanna *e outros.* (2011) realizaram experimento de campo durante o kharif com arroz aeróbio para estudar o efeito de diferentes fontes e épocas de aplicação de adubos orgânicos na população microbiana. Relatou que a aplicação de vermicomposto equivalente a 10 toneladas de FYM + 100% de N equivalente através de jeevamrut registrou uma população microbiana significativamente maior, estando no mesmo nível do esterco de aves equivalente a 10 t de FYM + jeevamrut com 100% de N equivalente para bactérias totais, actinomicetos, nitrogênio fixadores e solubilizantes de P.

Laharia *e outros.* (2013) relataram que a aplicação de 100% RDN através de vermicomposto + jeevamrut (30 e 45 DAS) diminuiu significativamente o pH, CE, CaCO3 e aumentou o carbono orgânico (CO) e o conteúdo disponível de N, P, K no solo após a colheita da soja em comparação controlar.

Bharat *et al.* (2015) um experimento de campo foi conduzido para a temporada kharif no ano de 2012 para estudar o efeito das fontes de nutrientes orgânicos nos parâmetros de qualidade e propriedades do solo do sorgo. Os resultados do experimento não indicaram influência significativa do manejo de nutrientes orgânicos ou seja in situ Adubação verde com crotalária e aplicação basal de FYM @ 3 t ha $^{-1}$ e torta de nim @ 0,5 t ha $^{-1}$ e a pulverização foliar de fontes de nutrientes orgânicos como vermiwash 1% e 2% e ácido húmico 0,5% e 1% é feita em duas divisões, ou seja, no estágio vegetativo máximo (40, 45 DAS) e no estágio de floração (60-65 DAS) nas propriedades do solo. Os teores pós-colheita de nitrogênio, fósforo e potássio do solo não foram influenciados pelos diferentes tratamentos orgânicos.

2.3.5 Efeito na economia

de Sahare (2015) foi conduzido para conhecer a resposta dos adubos orgânicos no crescimento, rendimento e qualidade do arroz aeróbio durante o kharif 2011 em MARS, Dharwad. Descobriu que a combinação de tratamento orgânico EC(1/3)+ VC(1/3)+ GLM(1/3) equivalente a RDN com aplicação de jeevamrut @ 500 l ha^{-1} no plantio, 30 e 60 DAS aplicados ao solo registrou significativamente maior retorno líquido (Rs. 20.327) e relação B:C (2,05).

Kandil *e outros.* (2020) um experimento de campo foi conduzido durante a temporada de 2017 e 2018 no Egito para estudar o efeito do adubo orgânico e das formas de potássio no crescimento e produção de milho (Zea mays L.). Revelou que a aplicação de composto na proporção dc 5 ton ha^{-1} com ácido húmico registrou o maior valor de renda bruta ($ 1.892,1 e 1.910,1), lucro líquido ($ 988,6 e 805,1) e relação custo-benefício (2,1 e 1,8) do milho durante 2017 e 2018, respectivamente, e o mais baixo deu com controle.

CAPÍTULO-III

MATERIAIS E MÉTODOS

A presente investigação foi realizada para estudar a **"Resposta do arroz transplantado cultivado organicamente (** ***Oryza Sativa*** **L.) a diferentes fontes de adubação verde e estimulantes de crescimento sob solos lateríticos de** ***Konkan*** " foi conduzida na Fazenda Agronomia, Faculdade de Agricultura, Dapoli , Dist. Ratnagiri (MS) durante a temporada *kharif* de 2019. Os detalhes dos materiais utilizados e métodos seguidos durante a investigação são explicados neste capítulo.

3.1 Localização do local experimental

O experimento foi conduzido na Fazenda Agronomia, Faculdade de Agricultura, Dapoli , Dist. Ratnagiri durante a temporada *Kharif* de 2019. Está situado a 17,1° de latitude norte e 73,1° de longitude leste, com altitude de 250 m acima do nível médio do mar. O experimento foi disposto na parcela n° 1. A topografia da parcela experimental foi uniforme. A seleção do local foi considerada com base na adequação da terra para o cultivo da cultura do arroz.

3.2 Características do solo do local experimental

Amostras compostas de solo foram coletadas de 0 a 30 cm de profundidade antes da implantação do experimento com auxílio de rosca helicoidal para conhecer o estado inicial de fertilidade do solo, bem como após a colheita de cada cultura e submetidas a análises físicas e químicas. Os detalhes da composição física e química do solo e as técnicas utilizadas para determinação de cada uma delas são apresentados na Tabela 1.

O solo da parcela experimental tinha textura franco-argilosa, pH levemente ácido e alto teor de carbono orgânico. Tinha baixo teor de nitrogênio disponível, alto teor de fósforo disponível e médio teor de potássio disponível.

Tabela 1 : Propriedades físicas e químicas iniciais do solo do campo experimental

Detalhes	Composição	Método usado
Propriedades físicas		
Distribuição de tamanho de partícula		
Areia (%)	38,36	Hidrômetro Bouyoucos (Jackson, 1973)
Silte (%)	32,28	
Argila (%)	29.36	
Classe textural	Argila argilosa	Usando triângulo textural fornecido pelo ISSS
Propriedades quimicas		
PH do solo (1:2,5)	6.02	Método potenciométrico (Jackson, 1973)
CE (dSym $^{-1}$)	0,41	
Carbono orgânico (g kg $^{-1}$)	13,79	Walkey e Black (Preto, 1965)
N disponível (kg ha $^{-1}$)	266,64	Método do permanganato alcalino (Subbaih e Asija, 1956)

$_2O_5$ disponível (kg ha $^{-1}$)	16,77	Método de Bray (Bray e Kurtz, 1945)
$_2$ o disponível (kg ha $^{-1}$)	260,52	Fotômetro de chama (Jackson, 1973)
Propriedades biológicas do solo (contagem microbiana)		
Bactérias	59,38×10 $^{-4}$	Dhingra e Sinclair (1993)
Fungos	16,32×10 $^{-4}$	
Actinomicetos	39,83×10 $^{-4}$	

3.3 Condições climáticas

Fazenda Agronomia, Faculdade de Agricultura, Dapoli , Dist. Ratnagiri está situado na região tropical a 17 ^{0} 4' de latitude norte e 73 ^{0} 1' de longitude leste, com altitude de 250 metros acima do nível médio do mar.

O clima é tropical, quente e úmido, o que é muito favorável para uma cultura como o arroz durante a temporada kharif. A precipitação média anual de Dapoli é de 3.620,81 mm, distribuída do início de junho ao final de setembro. Os dados relativos aos diferentes parâmetros meteorológicos registrados no observatório meteorológico da Fazenda Agronomia, Faculdade de Agricultura, Dapoli durante o período de experimentação são apresentados na Tabela 2.

Tabela 2 : Observações meteorológicas durante o período de crescimento da cultura

PM	Período (4.06.2019 a 24.10.2019)	Temperatura (ºC)		Umidade relativa média (%)		Chuva-queda (mm)	Dias chuvosos	Luz do sol (horas -1)
		Máx.	Min.	Manhã.	Até.			
23	04.06-10.06	34,5	25,9	86	61	10,0	1	6.7
24	11.06-17.06	32,6	25.1	91	81	110,4	5	6.4
25	18.06-24.06	31.1	24.2	94	84	162,3	5	5.1
26	25.06-01.07	28,7	24.2	95	91	455,2	6	1,9
27	02.07-08.07	29.1	24.2	95	89	294,2	7	1,5
28	09.07-15.07	29.1	23,9	98	92	399,4	7	2.9
29	16.07-22.07	29,6	24.1	94	86	118,2	6	5.2
30	23.07-29.07	27,6	23,6	98	96	759,6	7	1.3
31	30.07-5.08	26,9	23,5	98	96	719,2	7	0,1
32	06.08-12.08	27.2	24,6	96	93	353,8	7	0,1
33	13.08-19.08	29.1	24.3	95	86	112,6	7	3.5
34	20.08-26.08	29.1	20,9	95	83	103,6	6	7.2
35	27.08-02.09	28,4	23,7	97	87	318,4	6	4.3
36	03.09-09.09	26,5	23.1	99	96	771,6	7	0,0
37	10.09-16.09	28,3	23,8	97	90	167,2	7	2.8
38	17.09-23.09	29.1	24.1	95	86	53,4	6	4,5
39	24.09-30.09	29,7	23.4	93	85	55,0	3	5.4
40	01.10-07.10	30,7	22,7	92	75	0,2	0	8,9
41	8.10-14.10	31,7	19,8	94	71	29,8	2	7.6
42	15.10-21.10	31,7	23,0	89	73	63,4	3	4.7
43	22.10-28.10	28,8	21.9	94	79	61,2	5	2.6
Média/Total		29,5	23,5	94	85	243,7	5.2	3.9

3.4 Histórico de recorte da parcela experimental

As sequências de cultivo seguidas nos anos anteriores na parcela experimental antes da investigação são apresentadas na Tabela 3.

Tabela 3 : Histórico de recorte da parcela experimental

Ano	Temporada	
	Kharif	***Rabi***
2016-17	Arroz	Feijão frade
2017-18	Arroz	Wal
2018-19	Arroz	Melancia
2019-20	**Arroz (Experiência)**	-

3.5 Detalhes experimentais

O experimento de campo foi disposto em esquema de parcelas em faixas. Os tratamentos da parcela principal foram compostos por quatro tipos de adubo verde e os tratamentos da subparcela consistiram de quatro tipos de pulverização de estimulantes de crescimento, que são apresentados na Tabela 4. No total, houve 16 combinações de tratamento replicadas três vezes. Os detalhes do tratamento juntamente com os símbolos utilizados no plano de layout são os seguintes:

Tabela 4 : Detalhes do tratamento juntamente com os símbolos utilizados

	Tratamentos	Símbolos
A)	**Principais tratamentos da parcela - Aplicação de adubo verde**	

1.	Adubação verde in situ com Dhaincha	G1
2.	Adubação de folhas verdes com Gliricídia	G2
3.	Adubação verde in situ com feijão-caupi forrageiro	G3
4.	Ao controle	G4
B)	**Tratamentos de subparcelas - Pulverização de estimulantes de crescimento aos 30, 45 e 60 DAT**	
1.	Pulverização de Jeevamrut (5%)	S1
2.	Pulverização de Vermiwash (5%)	S2
3.	Pulverização de Ácido Húmico (0,5%)	S3
4.	Ao controle	S4

a) **Cortar** : Arroz

b) **Variedade** : Ratnagiri-1

c) **Design experimental** : Design de plotagem de tira

d) **Nº de replicação** : Três

e) **Número total de parcela** : Quarenta e oito (48)

f) **Tamanho do lote** : Tamanho bruto do lote - 4,50 mx 3,00 m

	Tamanho líquido do lote – 4,20 mx 2,60 m
g) **Espaçamento**	: 20 cm x 15 cm
h) **Data de semeadura**	: 29 de junho de 2019
i) **Data do transplante**	: 20° Julho, 2019
j) **Temporada**	: *Kharif* 2019

3.6 Layout experimental:

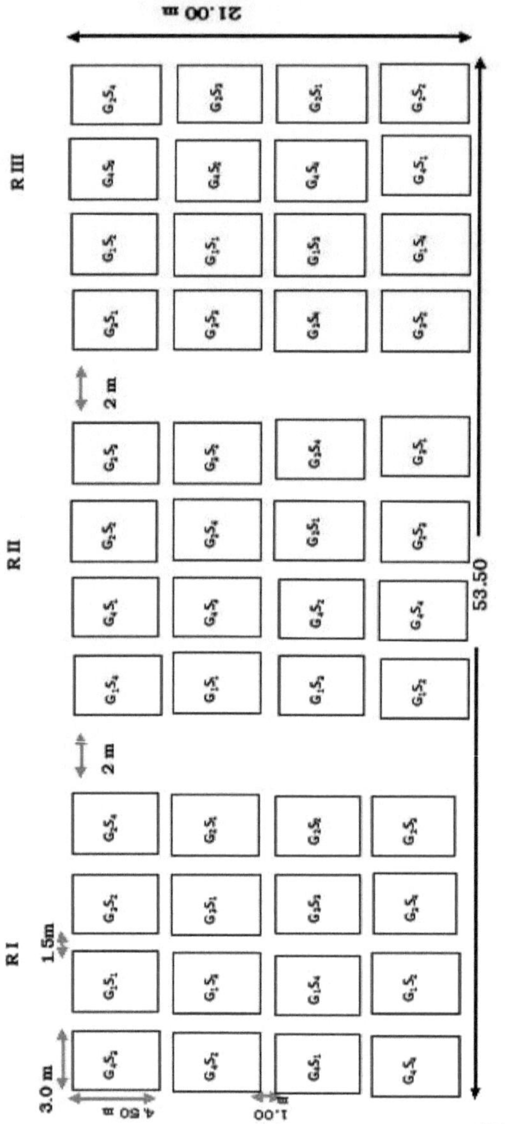
21.00 m
R III
R II
R I
2 m
2 m
1.5m
3.0 m
4.50 m
1.00 m
53.50

3.7 Operações culturais

O cronograma detalhado das operações culturais realizadas durante a condução do experimento é apresentado na Tabela 5.

3.8 Detalhes das operações de campo

3.8.1 Cultivo preparatório

A área experimental foi arada com auxílio de trator e a trituração dos torrões foi feita por trator cultivador e rotavador. O campo foi nivelado com auxílio de nivelador de madeira e preparado para o traçado.

3.8.2 Disposição dos Campos

O layout do campo foi feito de acordo com o desenho da parcela em faixa. Pequenos cômoros de 15 a 20 cm de altura foram levantados ao redor de cada parcela, mantendo-se uma distância de 2 m entre duas repetições. Foram dezesseis parcelas em cada repetição com distância de 1,50 m entre as parcelas e replicadas três vezes. Assim, foram 48 parcelas de 4,50 m X 3,0 m cada.

3.8.3 Aplicações dos tratamentos

i) Sementes, semeadura e incorporação de adubos verdes

Após a disposição da parcela experimental, foi aplicado adubo verde em cada parcela conforme tratamento . Dhaincha , gliricídia e feijão-caupi forrageiro foram incorporados na hora da poça. As composições químicas dos diferentes adubos verdes são apresentadas na Tabela 6.

Dhaincha sp . *Sementes de Sesbania rostrata* @ 25 kg ha $^{-1}$ foram semeadas na última semana de maio no tratamento destinado (G_1) para adubação verde in situ. Cultura Dhaincha cultivada até 48 dias no campo e incorporada no campo antes da floração na época da poça.

Da mesma forma, sementes forrageiras de feijão-caupi @ 40 kg ha $^{-1}$ foram semeadas na segunda semana de junho no tratamento designado (G $_3$) para adubação verde in situ e cultivadas até 36 dias no campo e incorporadas no campo no momento da poça. Antes da incorporação, a biomassa foi medida em 2 quadrantes de 1 x 1 metro de área selecionada aleatoriamente dentro da parcela. A biomassa por parcela foi calculada e convertida em hectare (dhaincha 4,7 t ha $^{-1}$ e feijão-caupi forrageiro 4,5 t ha $^{-1}$) e glicicídia 5 t ha $^{-1}$ no tratamento alocado (G2) como adubação de folhas verdes.

ii) Uso de estimulantes de crescimento

Entre as tecnologias indígenas utilizadas pelos agricultores, o jeevamrut , o vermiwash e o ácido húmico são produtos líquidos orgânicos ecologicamente corretos. O uso de produtos orgânicos líquidos como jeevamrut , vermiwash e ácido húmico resulta em maior crescimento, rendimento e qualidade das colheitas.

Jeevamrut : A palavra Jeevamrut refere-se à vida (jeeva) que sustenta o líquido sagrado (amruth). Jeevamrut é preparado misturando 10 kg de esterco de vaca local com 10 litros de urina de vaca, adicionando 2 kg de açúcar mascavo local, 2 kg de farinha de leguminosas e um punhado de terra de jardim e o volume chega a 200 litros . Mantenha o tambor à sombra cobrindo com um saco úmido e mexa a mistura no sentido horário três vezes ao dia e incube. Embora possa ser usado mesmo após 6-7 dias, é um grande desafio chegar perto da mistura devido ao fedor insuportável, portanto, é aconselhável usá-lo dentro de 3-4 dias após a preparação Vasanthkumar (2006). É utilizado como spray após filtração na concentração de 5% (a 30, 45 e 60 DAT), ou seja, 500 ml por 10 litros de água.

Vermiwash : É uma coleção de produtos excretores e secreção mucosa de minhocas (drilosferas). Vermiwash , se coletado adequadamente, é um fluido límpido e transparente, de cor amarelo pálido. O Vermiwash pode ser produzido permitindo que a água percorra os túneis feitos pelas minhocas na folha do coqueiro - substrato de esterco de vaca guardado em barril de plástico. A água cai gota a gota de um pote pendurado acima do barril para o sistema de vermicompostagem. Mas os barris não são obrigatórios para a preparação da lavagem Vermi . As unidades Vermiwash podem ser instaladas em barris ou baldes ou mesmo em pequenos potes de barro. A pulverização é feita com auxílio de pulverizador a 30, 45 e 60 DAT na concentração de 5%, ou seja, 500 ml para cada 10 litros de água.

Ácido húmico: é um bioestimulante natural derivado da leonardita e está entre os materiais orgânicos mais concentrados disponíveis atualmente. É um produto químico orgânico produzido pela decomposição de resíduos de plantas e animais por um processo denominado "Humificação". O ácido húmico é um dos principais componentes das substâncias húmicas, de cor marrom escuro e os principais constituintes da matéria orgânica do solo, húmus, que contribui para as propriedades químicas e físicas do solo e também é precursor de alguns combustíveis fósseis. Atua como condicionador de solo. Melhorar a estrutura do solo. Aumentar a capacidade de troca catiônica do solo. Melhorar a absorção de nutrientes e aumentar o conteúdo de húmus no solo. A pulverização é feita com auxílio de pulverizador a 30, 45 e 60 DAT na concentração de 0,5%, ou seja, 50 ml por 10 litros de água.

3.8.4 Semente e Semeadura

uma semente

As sementes da cv. *Ratnagiri 1* foram tratados com solução de salmoura a 3 por cento a 3 g $^{/l}$ de água . A duração da variedade é de 110-115 dias, o que rende cerca de 35-40 q ha $^{-1}$. A variedade é resistente à explosão e também moderadamente resistente à ferrugem bacteriana. Foi desenvolvido na Estação de Pesquisa Agrícola, Shirgaon , Ratnagiri, Dr. Balasaheb Sawant Konkan Krishi Vidyapeeth, Dapoli . Sementes certificadas da variedade de arroz Ratnagiri-1 foram obtidas no Departamento de Agronomia.

Tabela 5. Cronograma de operações culturais realizadas na parcela experimental durante *Kharif*, 2019

Sr. Não .	Operações de campo seguidas	Freq uenc ia.	Data de operação
EU)	**Lavoura preparatória**		
A)	**Preparação de campo experimental**		
	1) Aração de trator	1	15/05/201 9
	2) Trituração de torrões por rotavador puxado por trator	1	16/05/201 9
	3) Tábuas com trator	1	18/05/201 9
	4) Layout da parcela experimental	1	27/05/201 9
	5) Coleta de restolho e preparação de Camas planas.	1	28/05/201 9
	6) Semeadura de Dhaincha	1	29/05/201 9
	7) Semeadura de feijão-caupi forrageiro	1	06/10/201 9
	8) Preparação de canteiros	1	28/06/201 9
	9) Semeadura em viveiros	1	29/06/201 9
	10) Cobertura de Vermicomposto para Viveiro	1	14/07/201 9
	11) Poça	1	16/07/201 9
	12) Layout da parcela experimental	1	07/10/201 9
B)	**Detalhes do transplante e aplicação de adubos verdes e estimulantes de crescimento**		

	1) Incorporação de Dhainacha	1	16/07/2019
	2) Incorporação de feijão-caupi forrageiro	1	16/07/2019
	3) Incorporação de Glicídia	1	16/07/2019
	4) Transplante	1	21/07/2019
	5) Pulverização foliar de jeevamrut @ 5%, vermiwash @ 5% e ácido húmico @ 0,5% aos 30, 45 e 60 DAT	3	20/08/2019
			09/04/2019
			19/09/2019
C)	**Operação intercultural e capina**		
	1) Preenchimento de lacunas	2	28/07/2019
			04/08/2019
	2) Capina manual	2	08/10/2019
			25/08/2019
D)	**Medidas de proteção fitossanitária**		
	1) Pulverização de Neezal	2	28/08/2019
			25/09/2019
E)	**Colheita com foice Vaibhav**	1	14/10/2019
E)	**Debulha e joeiramento**	1	16/10/2019 a 19/10/2019
G)	**Secagem de grãos, secagem de palha**	1	20/10/2019 a

			23/10/2019
H)	**Pesagem e registro do rendimento**	1	24/10/2019

Tabela 6. Composição química dos estimulantes de crescimento de adubos verdes utilizados na presente investigação .

Sr. Não.	**Adubos verdes**	**Nitrogênio (%)**	**Fósforo (%)**	**Potássio (%)**
1	Dhaincha (Base de peso seco)	15h30	1.02	0,67
2	*Glicídia* (Base de peso seco)	2,76	0,51	1,15
3.	Feijão-caupi forrageiro (Base de peso seco)	2,73	0,27	2,25
4.	Jeevamrit	1,96	0,173	0,280
5.	Vermiwash	0,005	0,0025	0,063

B) Levantamento de mudas em viveiro para transplante

O solo foi arado por trator e posteriormente submetido a preparo fino por gradagem e posteriormente por rotavador. Os canteiros elevados de 10 m de comprimento, 1 m de largura e 15 cm de altura foram preparados manualmente. Estrume de boa qualidade foi espalhado e misturado ao solo dos canteiros. A semente da variedade de arroz Ratnagiri-1 que foi tratada com solução de salmoura a 3% @ 3 g lit $^{-1}$ de água as sementes foram semeadas em linha com 10 cm de distância e 2-3 cm de profundidade. A cobertura de vermicomposto @ 1 kg 100 m^2 foi feita 15 dias após a semeadura.

C) Transplante de mudas

Mudas com vinte e cinco dias de idade foram transplantadas no dia 20 de julho de 2019 com espaçamento recomendado de 20 cm x 15 cm.

Para o transplante foram utilizadas mudas sadias e vigorosas com 25 dias de idade. As mudas foram arrancadas manualmente dos canteiros e transplantadas após lavagem das raízes. Foram transplantadas duas mudas por cova.

3.8.5 Preenchimento de lacunas

O preenchimento das lacunas e o desbaste foram realizados imediatamente 7 e 15 dias após a semeadura para manter a população de plantas uniforme sempre que necessário.

3.8.6 Medidas de proteção fitossanitária

No viveiro não foi observada incidência de pragas e doenças. No campo transplantado foi observada a infestação do besouro azul na cultura experimental, em todos os tratamentos foram realizadas duas pulverizações de bioinseticidas para controlar o ataque do besouro azul. As duas pulverizações do inseticida orgânico Neemazal @ 5 ml em um litro de água foram realizadas para controlar o besouro azul em todos os tratamentos. Nenhuma incidência de doença foi registrada.

3.8.7 Colheita e Debulha

A colheita do arroz foi colhida na parcela-rede quando os grãos estavam totalmente maduros e a palha ficou amarela. A colheita foi feita manualmente com foice 'Vaibhav'. As plantas foram cortadas rente ao solo e mantidas para secagem ao sol. A debulha no lote foi feita com debulhador motorizado. Os grãos foram separados do joio por joeiramento. A produtividade de grãos e palha de arroz foi registrada por pesagem conforme os tratamentos.

3.9 Observações biométricas

Para estudar o efeito de diferentes tratamentos no crescimento e desenvolvimento da cultura do arroz, foram registradas observações periódicas, a partir de 5 covas amostrais selecionadas aleatoriamente em cada tratamento. As observações foram registradas aos 30, 60, 90 DAT e na colheita durante todo o período de vida da cultura do arroz.

3.9.1 Técnicas de amostragem

Para excluir o efeito da linha de fronteira, cinco plantas representativas foram selecionadas aleatoriamente da parcela líquida para registrar observações biométricas periódicas. As observações de crescimento, isto é, altura da planta, número de folhas na colina $^{-1}$ e número de perfilhos na colina $^{-1,}$ foram registradas nessas cinco plantas selecionadas aos 30, 60, 90 DAT e na colheita. Para registrar o acúmulo de matéria seca, uma amostra representativa de uma colina de cada parcela de rede foi selecionada aleatoriamente durante cada observação. Além disso, observações para todos os caracteres que atribuem rendimento, a saber, comprimento da panícula (cm), número de grãos cheios e não cheios panícula $^{-1}$ e peso de teste foram registrados nas mesmas cinco plantas selecionadas após a colheita. A população de plantas da parcela-rede foi registrada aos 20 dias após o transplantio e na colheita.

3.9.2 Estudos pré-colheita em arroz

a. População de plantas

O número de covas em cada parcela-rede foi contado 15 dias após o transplantio e na colheita e convertido por hectare.

b. Altura da planta (cm)

A altura da planta foi medida desde o nível do solo até a base das folhas totalmente abertas. Porém, após o início da panícula, a altura final foi medida até a base da panícula e a altura média do morro $^{-1}$ de 5 plantas de observação foi calculada .

c. Número de folhas colina $^{-1}$

O número total de folhas funcionais produzidas na colina $^{-1}$ foi registrado periodicamente a partir de cinco colinas selecionadas de cada parcela líquida e a média de cinco colinas foi calculada.

d. Número de perfilhos colina $^{-1}$

O número total de perfilhos colina $^{-1}$ foi registrado periodicamente a partir de cinco colinas e calculada a média de cinco colinas.

e. Morro de acúmulo de matéria seca $^{-1}$ (g)

Uma única colina foi amostrada aleatoriamente em cada parcela líquida no momento de cada observação. O morro foi arrancado e suas raízes removidas. A parte aérea foi picada e colocada em saco de papel pardo. Em seguida foi seco em estufa controlada termostaticamente a temperatura de 60 ^{0} C até obtenção de peso constante.

f. Colina de perfilhos efetivos $^{-1}$

O número total de perfilhos efetivos colina $^{-1}$ foi registrado em cinco colinas antes da colheita da cultura e a média de cinco colinas foi calculada.

Tabela 7: Detalhes das observações biométricas e outras registradas nos tratamentos

Sr. Não.	Detalhes	Estágios

A) Observações pré-colheita:		
1.	População de plantas	Inicial e final
2.	Altura da planta (cm)	Aos 30, 60, 90 DAT e na colheita
3.	Número de perfilhos colina $^{-1}$	Aos 30, 60, 90 DAT e na colheita
4.	Número de folhas funcionais colina $^{-1}$	Aos 30, 60, 90 DAT e na colheita
5.	Morro de acúmulo de matéria seca $^{-1}$ (g)	Aos 30, 60, 90 DAT e na colheita
6.	Colina de perfilhos efetivos $^{-1}$	Na colheita
B) Observações pós-colheita:		
1.	Comprimento da panícula (cm)	Após a colheita
2.	Número de panícula de grãos cheios $^{-1}$	Após a colheita
3.	Número de panícula de grãos não preenchidos $^{-1}$	Após a colheita
4.	Peso de teste (g)	Após a colheita
5.	Produtividade de grãos (q ha $^{-1}$)	Após a colheita
6.	Rendimento de palha (q ha $^{-1}$)	Após a colheita
7.	Produção total de biomassa (q ha $^{-1}$)	Após a colheita
C) Análise química:		
Análise do solo		
1.	pH	Inicial e após a colheita
2.	Condutividade elétrica (dS m $^{-1}$)	Inicial e após a colheita
3.	Carbono orgânico (g kg $^{-1}$)	Inicial e após a colheita
4.	N, P e K disponíveis no solo (kg ha $^{-1}$)	Inicial e após a colheita
5.	Teor de N, P e K em grãos e palha (%)	Após a colheita
6.	Absorção de N, P e K, em grãos e palha	Após a colheita
7.	Propriedades biológicas	Inicial e após a colheita
D) Estudos econômicos:		
1.	Custo do cultivo (ha $^{-1}$)	
2.	Retorno bruto (ha $^{-1}$)	
3.	Retornos líquidos (ha $^{-1}$)	
4.	Relação custo-benefício	

3.9.3 Estudos pós-colheita

a. Comprimento da panícula (cm)

O comprimento de todas as panículas das cinco colinas de observação foi medido desde a base do verticilo, isto é, pedúnculo, até a ponta da panícula e o comprimento médio da panícula foi calculado.

b. Número de panícula de grãos cheios $^{-1}$

Foi contado o número de grãos cheios de todas as panículas dos cinco morros de observação e em seguida foi calculada a média.

c. Número de panícula de grãos não preenchidos $^{-1}$

O número de grãos não preenchidos foi contado em todos os 5 morros de observação e então a média foi calculada.

d. Peso de teste (peso de 1000 sementes)

Uma amostra representativa de grãos foi retirada da produção total de cada parcela-rede e 1.000 grãos cheios foram contados e seu peso foi registrado de acordo com os tratamentos.

3.10 Rendimento de arroz

a. Produtividade de grãos (q ha $^{-1}$)

O rendimento de grãos obtido após a debulha do produto de cada parcela-rede foi seco ao sol por cerca de 4 a 5 dias e depois o rendimento de grãos foi registrado e calculado em hectare. base.

b. Rendimento de palha (q ha $^{-1}$)

A produtividade de palha foi obtida pesando-se a palha seca ao ar que sobrou após a debulha de cada parcela-rede e, em seguida, a produtividade de palha foi calculada por hectare.

c. Rendimento biológico (q ha $^{-1}$)

A produtividade biológica total por parcela líquida -1 foi calculada pela soma da produtividade de grãos e da palha de cada parcela líquida dos tratamentos e por fim convertida para hectare.

3.11 Estudos químicos

3.11.1 Análise do solo

O nitrogênio, o fósforo e o potássio disponíveis no solo foram determinados antes (inicial) e depois da colheita do arroz de cada parcela líquida durante *o kharif* 2019. As amostras de solo foram coletadas de 0-30 cm de profundidade de cada parcela individual. A amostra foi seca e depois peneirada em peneira de 2 mm.

A amostra inicial de solo foi analisada quanto a diferentes propriedades físico -químicas. As amostras de solo coletadas após a colheita da cultura do arroz de cada parcela-rede foram utilizadas para determinação dos teores de nitrogênio, fósforo e potássio disponíveis nos respectivos tratamentos. Os diversos métodos realizados para determinação dos nutrientes disponíveis estão descritos na Tabela 7.

Tabela 8: Métodos utilizados para análise de solo e planta

Sr. Não.	Propriedades	Método	Referência
I) Análise do solo			
1.	Textura e classe textural da amostra inicial de solo	Método do hidrômetro Bouycos	Piper (1956)
2.	Reação do solo (pH)	Potenciométrico (1:2,5)	Jackson (1973)
3.	Condutividade elétrica	Potenciométrico (1:2,5)	Jackson (1973)
4.	Carbono organico	Método de oxidação úmida Walkley e Black	Preto (1965)
5.	Nitrogênio disponível	Método de permanganato alcalino	Subbaiah e Asija (1956)

6.	Disponível Fósforo	Bray nº 1	Preto (1965)
7.	Potássio Disponível	Fotometria de chama (acetato de amônio neutro normal)	Jackson (1973)
II) Análise de plantas			
8.	Nitrogênio total	Método Micro-Khjeldal	Tandon (1993)
9.	Fósforo Total	Método molibdo - vanadato de amônio	Tandon (1993)
10.	Potássio Total	Fotometria de chama	Tandon (1993)
III)	**Propriedades biológicas**		
1.	Bactérias	Métodos de diluição em série	Dhingra e Sinclair (1993)
2.	Fungos		
3.	Actinomicetos		

3.11.2Análise de plantas

Os teores de nitrogênio, fósforo e potássio no grão e na palha foram determinados separadamente após a colheita da cultura. Para o cálculo da absorção dos nutrientes foi considerada a matéria seca dos grãos e da palha (kg ha $^{-1}$). Os diversos métodos realizados para determinação do teor de nitrogênio, fósforo e potássio de grãos e palha estão descritos na Tabela 7.

3.11.3Propriedades biológicas

As propriedades biológicas, ou seja . a contagem microbiana foi realizada usando o método de diluição serial sugerido por Dhingra e Sinclair (1993).

3.12 Economia dos tratamentos

O custo de produção foi calculado considerando as taxas existentes de insumos utilizados e os encargos reais de cultivo incorridos. Foi calculado o custo do cultivo da cultura sob tratamento individual. A nível nacional, foi decidido considerar um prémio adicional de 25% para os produtos biológicos. Portanto, no cálculo do retorno bruto foi considerada a taxa de venda extra de 25%. A relação lucro ou prejuízo líquido e custo benefício (B:C) foi calculada.

3.13 Análise estatística e interpretação dos dados

Os dados experimentais foram analisados estatisticamente aplicando-se a técnica de análise de variância aplicável ao desenho de Strip plot. A significância das diferenças de tratamento foi testada pelo teste de razão de variância (valor F), diferença crítica (CD) ao nível de 5 por cento de probabilidade para comparação e a interpretação estatística da significância foi feita com base nas médias de tratamento (Panse e Sukhatme , 1967).

CAPÍTULO - IV

ACHADOS EXPERIMENTAIS

A presente investigação intitulada "Resposta do arroz transplantado cultivado organicamente (*Oryza Sativa* L.) a diferentes fontes de adubação verde e estimulantes de crescimento sob solos lateríticos de *Konkan* " foi conduzida na Fazenda Agronomia, Departamento de Agronomia, Faculdade de Agricultura, Dapoli . Dist. Ratnagiri (MS) durante a temporada kharif, 2019. Os resultados obtidos na presente investigação são explicados nos seguintes títulos.

4.1 População vegetal

4.2 Crescimento e desenvolvimento das culturas

4.3 Caracteres de atribuição de rendimento

4.4 Estudos de rendimento

4.5 Estudos de absorção de nutrientes

4.6 Estado dos nutrientes disponíveis no solo (após a colheita)

4.7 Balanço de nutrientes disponíveis no solo

4.8 Estudos microbianos do solo

4.9 Economia dos diferentes tratamentos

4.1 População vegetal

Os dados relativos ao número médio de plantas por parcela-rede nos diversos tratamentos aos 20 DAT e na colheita são apresentados na Tabela 9.

A leitura dos dados mostrou que as diferenças no número médio de população de plantas por parcela líquida em todos os tratamentos não foram significativas aos 20 DAT, bem como na colheita. Portanto, a variação no rendimento do arroz sob diferentes tratamentos não se deveu à população de plantas, mas apenas aos efeitos do tratamento.

Tabela 9: População média inicial e final de plantas de arroz por parcela-rede influenciada pelos diferentes tratamentos.

Tratamentos	**Inicial**	**Na colheita**
Principais tratamentos da parcela: Aplicação de adubo verde		
G 1 : Adubação verde in situ com dhaincha	361,92	356,25
G 2 : Adubação de folhas verdes com glicicídia	362,33	355,58
G 3 : Adubação verde in situ com feijão-caupi forrageiro	362,58	355,00
G 4 : Controle	362,58	355,33
SE±	0,22	0h30
DC a 5%	E	E
Tratamento de subparcela: Pulverização de estimulantes de crescimento aos 30, 45 e 60 DAT		
S 1 : Pulverização de Jeevamrit (5%)	362,17	354,67
S 2 : Pulverização de Vermiwash (5%)	362,50	356,42
S 3 : Pulverização de ácido húmico (0,5%)	362.08	355,08
S4: Controle	362,67	356,00
SE±	0,37	0,59
DC a 5%	E	E
Efeito de interação		

SE±	1.03	13h30
DC a 5%	E	E
Média geral	**362,35**	**355,54**

Efeito de diferentes adubações verdes

A população de plantas de arroz na fase inicial e na colheita não foi influenciada significativamente devido aos diferentes adubos verdes.

Efeito de diferentes estimulantes de crescimento

No início e na colheita, a população de plantas de arroz por parcela-rede em todos os tratamentos não diferiu significativamente devido aos diferentes estimulantes de crescimento.

Efeito de interação

Os dados apresentados na Tabela 9 revelaram que o efeito de interacção entre diferentes adubos verdes e estimulantes de crescimento não exibiu qualquer efeito significativo na população de plantas por parcela-rede na fase inicial e na colheita.

4.2 crescimento e desenvolvimento das culturas

Parâmetros de crescimento da cultura, a saber, altura da planta (cm), número de folhas funcionais colina $^{-1}$, número de perfilhos colina $^{-1}$ e acúmulo de matéria seca colina $^{-1}$ (g) de arroz foram estudados aos 30, 60, 90 DAT e na colheita durante os anos 2019-20 e os dados são apresentados na Tabela 10.

4.2.1 Altura da planta (cm)

Os dados relativos à altura média das plantas de arroz, influenciadas pelos diferentes tratamentos em vários estágios de crescimento da cultura, são apresentados na Tabela 10.

Os dados revelaram claramente que a altura das plantas foi aumentando com o aumento da idade da cultura e foi máxima na colheita. Ficou evidente pelos dados que a altura das plantas aumentou progressivamente com o avanço da idade da cultura. A altura média das plantas de arroz registrada aos 30, 60, 90 DAT e na colheita.

Tabela 10: Altura da planta (cm) de arroz influenciada periodicamente por diferentes tratamentos.

Tratamentos	**30 DAT**	**60 DAT**	**90 DAT**	**Na colheita**
Principais tratamentos da parcela: Aplicação de adubo verde				
G 1 : Adubação verde in situ com dhaincha	19h8 0	58,66	62,86	64,23
G 2 : Adubação de folhas verdes com glicicídia	18h7 5	57,37	58,75	60.11
G 3 : Adubação verde in situ com feijão-caupi forrageiro	17,94	56,40	58,64	60,81
G 4 : Controle	15,79	53,95	54.06	56,83
SE±	0,41	0,55	0,64	0,90
DC a 5%	1,41	1,91	2.22	3.12
Tratamentos de subparcelas: Pulverização de estimulantes de crescimento aos 30, 45 e 60 DAT				
S 1 : Pulverização de Jeevamrit (5%)	18h1 9	56,47	58,76	60.12
S 2 : Pulverização de Vermiwash (5%)	18.05	56,40	58,28	60,79
S 3 : Pulverização de ácido húmico (0,5%)	18.09	60,16	61.02	63,69
S4: Controle	17h9 5	53,35	56,26	57,37

SE±	0,58	0,40	0,53	0,40
DC a 5%	E	1,39	1,82	1,38
Efeito de interação				
SE±	1,33	1,94	1,66	2.12
DC a 5%	E	5,75	4,92	6.31
Média geral	**18.07**	**56,59**	**58,58**	**60,49**

Efeito da adubação verde

O os dados apresentados na Tabela 10 revelaram que a altura média das plantas de arroz foi significativamente influenciada devido à aplicação de diferentes adubos verdes ao longo do período de crescimento da cultura. Entre os diferentes adubos verdes, o tratamento (G_1) a aplicação in situ de dhaincha produziu plantas significativamente mais altas aos 30 DAT e 60 DAT em relação ao tratamento que aplicou adubação verde in situ com feijão-caupi forrageiro e controle e ficou no mesmo nível do tratamento (G_2) adubação de folhas verdes com glicicídia . Além disso, observou-se que aos 90 DAT e na colheita a altura das plantas foi significativamente maior no tratamento, (G_1) aplicação in situ de dhaincha em relação ao restante dos tratamentos enquanto o tratamento (G_2) adubação verde foliar com glicicídia e (G_3) adubação verde in situ com feijão-caupi forrageiro que estavam no mesmo nível, mas foram significativamente superiores ao controle (G_4).

Efeito de estimulantes de crescimento

Entre as pulverizações de vários estimulantes de crescimento , observou-se que a altura das plantas não foi significativa aos 30 DAT e foi significativamente influenciada dos 60 DAT até a colheita.

Aos 60 DAT, 90 DAT e na colheita registraram significativamente maior altura de plantas com (S_3) pulverização de ácido húmico (0,5%) em relação ao restante dos tratamentos. tratamento (S_1) pulverização de jivamrit (5%) e (S_2) pulverização de vermiwash (5%) que estavam no mesmo nível entre si e significativamente superiores ao controle.

Efeito de interação

Todo o efeito de interação entre adubação verde e estimulantes de crescimento foi significativo em todas as fases de crescimento, exceto aos 30 DAT.

Aos 60 DAT (Tabela 10.1) a combinação de tratamento de adubação verde *in situ* de feijão-caupi forrageiro com pulverização foliar de ácido húmico (0,5%) registrou significativamente maior altura de planta seguida pelas combinações de tratamento G_1S_3, G_2S_3, G_1S_1, e G_1S_2, G_4S_3, G_2S_1, G_2S_2 que estavam no mesmo nível de G_3S_3 e significativamente superiores em relação ao resto do tratamento.

Tabela 10.1 Efeito da interação entre adubação verde e pulverização de estimulantes de crescimento na altura (cm) do arroz aos 60 DAT durante o arroz kharif 2019

Tabela de interação	60 DAT			
	TRATAMENTO PRINCIPAL x SUB			
S/M	S1	S2	S3	S4
G1	59,53	58,80	60,70	55,60
G2	58,60	56,67	60.13	54.07
G3	54,40	56,33	61.13	53,73
G4	53,33	53,80	58,67	50,00
SE ±	**1,94**			
CD em (5%)	**5,75**			

Tabela 10.2 Efeito da interação entre adubação verde e pulverização de estimulantes de crescimento na altura (cm) do arroz aos 90 DAT durante o arroz kharif 2019

Tabela de interação		90 DAT		
	TRATAMENTO PRINCIPAL x SUB			
S/M	S1	S2	S3	S4
G1	63,33	63,58	65,23	59h30
G2	59,93	59,27	60,67	55.13
G3	57.09	57.13	61,67	58,67
G4	54,67	53.13	56,49	51,95
SE ±	**1,66**			
DC(5%)	**4,92**	SIG		

Aos 90 DAT (Tabela 10.2) a combinação de tratamento (G1S3) adubação verde *in situ de* dhaincha com pulverização foliar de ácido húmico (0,5%) registrou significativamente mais altura de planta seguida pelas combinações de tratamento G_1S_2, G_1S_1, G_3S_3, G_2S_3, G_2S_1, G_1S_4 e G_2S_2, G_3S_4, G_3S_2, G_3S_1 que estavam no mesmo nível de G1S3 e significativamente superiores em relação ao controle .

Tabela 10.3 Efeito da interação entre adubação verde e pulverização de estimulantes de crescimento na altura (cm) do arroz na colheita durante o arroz kharif 2019

Tabela de interação		Na colheita		
	TRATAMENTO PRINCIPAL x SUB			
S/M	S1	S2	S3	S4
G1	63,17	65,00	67,73	61,00
G2	60,47	60,67	62.07	57,23

G3	60,23	60,57	64,10	58,33
G4	56,60	56,93	60,87	52,90
SE ±	**2.12**			
DC(5%)	**6.31**	SIG		

Na colheita (Tabela 10.3) a combinação de tratamento de ($G_1 S_3$) adubação verde *in situ de* dhaincha com pulverização foliar de ácido húmico (0,5%) registrou significativamente maior altura de planta seguida pelas combinações de tratamento $G_1 S_2$, $G_3 S_3$, $G_1 S_1$, $G_2 S_3$, $G_1 S_4$, $G_4 S_3$ e $G_2 S_2$, $G_3 S_2$, $G_2 S_1$, $G_3 S_1$ que estavam no mesmo nível de $G_1 S_3$ e significativamente superior ao controle.

4.2.2 Número de folhas funcionais colina $^{-1}$

Dados referente ao número médio de folhas funcionais colina $^{-1}$ conforme afetado periodicamente pelos diversos tratamentos são apresentados na Tabela 11. Em geral o número de folhas por planta aumentou com o aumento da idade até os 60 DAT e depois apresentou declínio até a colheita.

Efeito da adubação verde

O diferentes tipos de adubos verdes influenciaram significativamente o número médio de folhas funcionais morro $^{-1}$ de arroz ao longo dos estágios de crescimento. Um número significativamente maior de folhas funcionais colina $^{-1}$ foi registrado com a aplicação de adubação verde in situ de dhaincha (G_1) em relação ao controle (G_4) e esteve no mesmo nível da adubação verde de folhas de glicicídia (G_2) aos 30 DAT e aos colheita durante adubação verde in situ de feijão-caupi forrageiro (G_3) aos 30 DAT. Aos 60 DAT e 90 DAT a adubação de folhas verdes com glicicídia (G_2) e a adubação verde in situ de feijão-caupi forrageiro (G_3) estavam no mesmo nível e significativamente máximas em relação ao controle (G_4).

Tabela 11: Número de folhas funcionais colina $^{-1}$ do arroz influenciado periodicamente pelos diferentes tratamentos.

Tratamentos	30 DAT	60 DAT	90 DAT	Na colheita
Principais tratamentos da parcela: Aplicação de adubo verde				
G 1 : Adubação verde in situ com dhaincha	30,72	33.10	27h15	21.13
G 2 : Adubação de folhas verdes com glicicídia	26,82	28.04	22h75	18.07
G 3 : Adubação verde in situ com feijão-caupi forrageiro	26h3 0	28.12	23.18	16,97
G 4 : Controle	22h3 8	22,92	17h80	14.23
SE±	1,41	1,35	0,72	1.06
DC a 5%	4,87	4,68	2,49	3,66
Tratamentos de subparcelas: Pulverização de estimulantes de crescimento aos 30, 45 e 60 DAT				
S 1 : Pulverização de Jeevamrit (5%)	27.34	27,87	22,76	17,81
S 2 : Pulverização de Vermiwash (5%)	26.28	27.28	22h43	17.53
S 3 : Pulverização de ácido húmico (0,5%)	27.12	31h45	24,82	20,94
S4: Controle	25h4 8	25,58	20,87	14.13
SE±	0,73	0,46	0,52	0,74

DC a 5%	E	1,59	1,81	2,56
Efeito de interação				
SE±	2,95	2,62	1,77	2,50
DC a 5%	E	7,79	5.27	7,42
Média geral	**26h5 5**	**28.04**	**22,72**	**17h60**

Efeito de estimulantes de crescimento

O número médio de folhas funcionais colina $^{-1}$ foi significativamente influenciado pela pulverização de diferentes estimulantes de crescimento em todas as fases de crescimento da cultura, exceto aos 30 DAT.

Aos 60 DAT, 90 DAT e na colheita registrou-se significativamente maior número de folhas funcionais colina $^{-1}$ com (S_3) pulverização de ácido húmico (0,5%) em relação ao restante dos tratamentos. No entanto (S_1) pulverização de jivamrit (5%) e (S_2) pulverização de vermiwash (5%) que estavam no mesmo nível e significativamente superiores ao controle.

Efeito de interação

Todo o efeito de interação entre adubação verde e estimulantes de crescimento foi significativo em todas as fases de crescimento, exceto aos 30 DAT.

Aos 60 DAT (Tabela 11.1) a combinação de tratamento (G_1S_3) adubação verde *in situ de* dhaincha com pulverização foliar de ácido húmico (0,5%) registrou significativamente maior número de folhas funcionais colina $^{-1}$ seguida pelas combinações de tratamento G_3S_3, G_1S_2, G_1S_1 e G_2S_3, G_1S_4 que estavam no mesmo nível de G_1S_3 e significativamente superiores ao resto da combinação de tratamento.

Aos 90 DAT (Tabela 11.2) a combinação de tratamento (G1S3) adubação verde *in situ de* dhaincha com pulverização foliar de ácido húmico (0,5%) registrou significativamente o maior número de folhas funcionais colina $^{-1}$ seguida pelas combinações de tratamento G_1S_1, G_1S_2, G_1S_4, G_2S_3, G_3S_1, G_3S_3, G_3S_2 e G_2S_2, G_2S_4, G_2S_1, G_4S_3 que estavam no mesmo nível de G_1S_3 e significativamente superiores ao resto da combinação de tratamento.

Na colheita (Tabela 11.3) a combinação de tratamento (G1S3) adubação verde *in situ de* dhaincha com pulverização foliar de ácido húmico (0,5%) registrou significativamente o maior número de folhas funcionais colina $^{-1}$ seguida pelas combinações de tratamento G_1S_1, G_2S_3 e G_1S_1, G_3S_3 que estavam no mesmo nível de G_1S_3 e significativamente superiores ao resto da combinação de tratamento.

Tabela 1 1.1 Efeito da interação entre adubação verde e pulverização de estimulantes de crescimento no número de folhas funcionais (cm) de arroz aos 60 DAT durante o arroz kharif 2019

Tabela de interação		60 DAT		
	TRATAMENTO PRINCIPAL x SUB			
S/M	S1	S2	S3	S4
G1	32,73	33.03	36h20	30.42
G2	27,60	28.27	30,67	25,62
G3	28h40	27h00	33,33	23,75
G4	22,73	20h80	25,60	22h55
SE±	**2,62**			
DC a 5%	**7,79**	SIG		

Tabela 11.2 Efeito da interação entre adubação verde e pulverização de estimulantes de crescimento no número de folhas funcionais (cm) de arroz aos 90 DAT durante o arroz kharif 2019

Tabela de interação		90 DAT		
	TRATAMENTO PRINCIPAL x SUB			
S/M	S1	S2	S3	S4
G1	27h20	27.07	29h47	24,87
G2	21.67	23h00	24h40	21.93
G3	24h38	23h47	24.07	20h80
G4	17h80	16h20	21h33	15,87
SE±	**1,77**			
DC a 5%	**5.27**	SIG		

Tabela 11.3 Efeito da interação entre adubação verde e pulverização de estimulantes de crescimento no número de folhas funcionais (cm) de arroz na colheita durante o arroz kharif 2019

Tabela de interação		Na colheita		
	TRATAMENTO PRINCIPAL x SUB			
S/M	S1	S2	S3	S4
G1	20h23	22,67	24h43	17h20
G2	18,63	17h40	21.83	14h40
G3	16,93	17h57	19,73	13,63
G4	15h43	12h47	17,77	11.27
SE±	**2,50**			
DC a 5%	**7,42**	SIG		

4.2.3 Número de perfilhos colina $^{-1}$

Dados relacionado ao número de perfilhos na colina $^{-1}$ influenciado periodicamente pelos diversos tratamentos é apresentado na Tabela 12. Os dados insinuam que o número de perfilhos na colina $^{-1}$ foi aumentando com o aumento da idade da cultura até 90 DAT e depois apresentou declínio na colheita da cultura.

Efeito da adubação verde

O número médio de perfilhos colina $^{-1}$ do arroz foi influenciado significativamente devido às diferentes adubações verdes durante todo o período de crescimento da cultura. Dentre os diferentes adubos verdes o tratamento G_1 a adubação verde in situ com dhaincha produziu número significativamente maior de perfilhos colina $^{-1}$ aos 30 DAT em relação ao restante dos tratamentos, exceto G_2 adubação verde com gliricídia enquanto G2 esteve no mesmo nível do G_3. Além disso, aos 60, 90 DAT e na colheita, o tratamento G1 - adubação verde in situ com dhaincha produziu um número significativamente maior de perfilhos colina $^{-1}$ em relação aos demais tratamentos e o tratamento G_2 a adubação verde com glicicídia foi igual ao G_3 e significativamente maior em relação ao controle .

Tabela 12: Número de perfilhos colina $^{-1}$ de arroz influenciado periodicamente pelos diferentes tratamentos.

Tratamentos	30 DAT	60 DAT	90 DAT	Na colheita
Principais tratamentos da parcela: Aplicação de adubo verde				
G_1 : Adubação verde in situ com dhaincha	7.08	8,93	8.34	8.03

G 2 : Adubação de folhas verdes com glicicídia	6.05	7.13	7h35	7.09
G 3 : Adubação verde in situ com feijão-caupi forrageiro	5,98	7.26	7.18	7.08
G 4 : Controle	4,83	5.28	6,39	5,78
SE±	0,34	0,31	0,13	0,19
DC a 5%	1.19	1.06	0,45	0,67
Tratamentos de subparcelas: Pulverização de estimulantes de crescimento aos 30, 45 e 60 DAT				
S 1 : Pulverização de Jeevamrit (5%)	5,99	7.08	7h15	6,92
S 2 : Pulverização de Vermiwash (5%)	6.16	7,36	7,28	6,93
S 3 : Pulverização de ácido húmico (0,5%)	6.06	8.37	8,38	8.33
S4: Controle	5,74	5,78	6,46	5,80
SE±	0,23	0,22	0,17	0,20
DC a 5%	E	0,77	0,57	0,70
Efeito de interação				
SE±	0,73	0,62	0,43	0,50
DC a 5%	E	1,83	1,29	1,49
Média geral	**5,99**	**7h15**	**7.32**	**7,0**

Efeito de estimulantes de crescimento

O número médio de perfilhos colina $^{-1}$ foi significativamente influenciado pelos diferentes estimulantes de crescimento em todas as fases de crescimento da cultura, exceto aos 30 DAT.

Aos 60 DAT, 90 DAT e na colheita registrou-se significativamente maior número de perfilhos colina $^{-1}$ com (S_3) pulverização de ácido húmico (0,5%) em relação aos demais tratamentos. Contudo, (S_1) pulverização de jivamrit (5%) e (S_2) pulverização de vermiwash (5%) que estavam no mesmo nível entre si e significativamente superiores ao controle.

Efeito de interação

Todo o efeito de interação entre adubação verde e estimulantes de crescimento foi significativo em todas as fases de crescimento, exceto aos 30 DAT.

Aos 60 DAT (Tabela 12.1) a combinação de tratamento ($G_1 S_3$) adubação verde *in situ de* dhaincha com pulverização foliar de ácido húmico (0,5%) registrou significativamente o maior número de perfilhos colina $^{-1}$ seguida pelas combinações de tratamento $G_1 S_2$, $G_3 S_3$, $G_1 S_1$, $G_2 S_3$, $G_3 S_1$, $G_3 S_2$ e $G_2 S_2$, $G_1 S_4$, $G_2 S_1$ que estavam no mesmo nível de $G_1 S_3$ e significativamente superior ao resto da combinação de tratamento.

Tabela 12.1 Efeito da interação entre adubação verde e pulverização de estimulantes de crescimento no número de perfilhos de arroz aos 60 DAT durante o arroz kharif 2019

Tabela de interação		60 DAT		
	TRATAMENTO PRINCIPAL x SUB			
S/M	S1	S2	S3	S4
G1	8,67	9.27	10,60	7.17
G2	7h00	7.17	8.37	5,97
G3	7,47	7,43	8,77	5,37
G4	5h20	5,57	5,73	4,63
SE±	**0,62**			
DC a 5%	**1,83**	SIG		

Tabela 12.2 Efeito da interação entre adubação verde e pulverização de estimulantes de crescimento no número de perfilhos de arroz aos 90 DAT durante o arroz kharif 2019

Tabela de interação		90 DAT		
	TRATAMENTO PRINCIPAL x SUB			
S/M	S1	S2	S3	S4
G1	7,83	8.17	10h40	6,97
G2	7h40	7,53	7,97	6h50
G3	6,90	7.23	8.17	6,43
G4	6,47	6h20	6,97	5,93
SE±	**0,43**			
DC a 5%	**1,29**	SIG		

Tabela 12.3 Efeito da interação entre adubação verde e pulverização de estimulantes de crescimento no número de perfilhos de arroz na colheita durante o arroz kharif 2019

Tabela de interação		Na colheita		
	TRATAMENTO PRINCIPAL x SUB			
S/M	S1	S2	S3	S4
G1	8.03	8h00	9,73	6,33
G2	7.07	6,87	8.27	6.17
G3	7h00	6,87	8,63	5,83
G4	5,57	6h00	6,70	4,87
SE±	**0,50**			
DC a 5%	**1,49**	SIG		

Aos 90 DAT (Tabela 1 2.2) a combinação de tratamento de ($G_1 S_3$) adubação verde *in situ de* dhaincha com pulverização foliar de ácido

húmico (0,5%) registrou significativamente o maior número de perfilhos colina $^{-1}$ seguida pelas combinações de tratamento G_1S_2, G_3S_3, G_2S_3, G_1S_1, G_2S_2 e G_2S_1, G_3S_2 que estavam no mesmo nível de G1S3 e significativamente superiores ao resto da combinação de tratamento.

Na colheita (Tabela 12.3) a combinação de tratamento (G_1S_3) adubação verde *in situ de* dhaincha com pulverização foliar de ácido húmico (0,5%) registrou significativamente o maior número de perfilhos colina $^{-1}$ seguida pelas combinações de tratamento G_3S_3, G_2S_3, G_1S_1, G_1S_2, G_2S_1 e G_3S_1, G_2S_2, G_3S_2, G_4S_3 que estavam no mesmo nível de G_1S_3 e significativamente superior em relação ao resto da combinação de tratamento.

4.2.4 Acúmulo de matéria seca (g) morro $^{-1}$

Os dados periódicos relativos à produção de matéria seca na colina $^{-1}$ do arroz são apresentados na Tabela 13. De modo geral, a produção de matéria seca na colina $^{-1}$ aumentou com o aumento da idade da cultura e foi máxima na colheita.

Efeito dos adubos verdes

O o acúmulo de matéria seca (g) colina $^{-1}$ foi afetado significativamente devido aos diferentes adubos verdes em todas as fases de crescimento do arroz, dos 30 DAT até a colheita.

Os dados da Tabela 1 3 revelaram que foi registrada significativamente mais produção de matéria seca na colina $^{-1}$ com aplicação de adubação verde in situ com dhaincha (G_1) do que com o restante dos tratamentos. Contudo, a adubação verde foliar com gliricídia (G_2) e a adubação verde *in situ* com feijão-caupi forrageiro (G_3) estão no mesmo nível e são significativamente superiores ao controle (G_4) em todos os estágios de crescimento do arroz.

Efeito de estimulantes de crescimento

O acúmulo de matéria seca (g) colina $^{-1}$ foi significativamente influenciado pelos diferentes estimulantes de crescimento aos 60, 90 DAT e na colheita. Aos 30 DAT o acúmulo de matéria seca não foi influenciado significativamente.

Entretanto, acúmulo de matéria seca (g) colina $^{-1}$ significativamente maior foi registrado pela cultura no tratamento (S_3) aplicação foliar de ácido húmico (0,5%)

Tabela 13: Acúmulo de matéria seca (g) colina $^{-1}$ de arroz influenciado periodicamente por diferentes tratamentos.

Tratamentos	30 DAT	60 DAT	90 DAT	Na colheita
Aplicação de adubo verde				
G_1: Adubação verde in situ com dhaincha	8,67	32,42	56.08	56,87
G_2: Adubação de folhas verdes com glicicídia	6,75	26.42	48,42	49,38
G_3: Adubação verde in situ com feijão-caupi forrageiro	6,46	25,92	46,92	48,18
G_4: Controle	6,42	19h42	41,67	42,29
SE±	0,36	1,56	1.08	1.14
DC a 5%	1,24	5h40	3,75	3,93
Pulverização de estimulantes de crescimento aos 30, 45 e 60 DAT				
S_1: Pulverização de Jeevamrit (5%)	7.13	26h25	48,42	49,62
S_2: Pulverização de Vermiwash (5%)	7,42	25,67	49.17	49,23

S $_3$ **:** Pulverização de ácido húmico (0,5%)	7,42	29,58	53.08	53,39
S4: Controle	6,33	22,67	42,42	44,47
SE±	0,73	0,84	0,84	0,85
DC a 5%	E	2,90	2,92	2,93
Efeito de interação				
SE±	1.02	3,82	4,59	4,35
DC a 5%	E	11h36	13,62	12,92
Média geral	**7.07**	**26.04**	**48,27**	**49.18**

Durante o resto dos tratamentos, enquanto (S $_2$) pulverização foliar de jivamrit (5%) e (S $_3$) pulverização foliar de vermiwash (5%) que estavam no mesmo nível entre si e significativamente máximas em relação ao controle.

Efeito de interação

Todo o efeito de interação entre adubação verde e estimulantes de crescimento foi significativo aos 60, 90 DAT e na colheita. Aos 30 DAT o efeito da interação não foi influenciado significativamente.

Aos 60 DAT (Tabela 13.1) a combinação de tratamento de (G $_1$ S $_3$) adubação verde *in situ de* dhaincha com pulverização foliar de ácido húmico (0,5%) registrou acumulação de matéria seca significativamente maior colina $^{-1}$ seguida pelas combinações de tratamento G $_1$ S $_2$, G $_1$ S $_1$, G $_1$ S $_4$, G $_3$ S $_3$, G $_2$ S $_3$, G $_2$ S $_1$ e G $_2$ S $_2$, G $_3$ S $_1$ que estavam no mesmo nível de G $_1$ S $_3$ e significativamente superiores ao repouso da combinação de tratamento.

Aos 90 DAT (Tabela 13.2) a combinação de tratamento (G $_1$ S $_3$) adubação verde *in situ de* dhaincha com pulverização foliar de ácido húmico (0,5%) registrou acumulação de matéria seca significativamente maior colina $^{-1}$ seguida pelas combinações de tratamento G_1S_2, G_1S_1, G_2S_3, G_3S_3 que estavam no mesmo nível de G_1S_3 e significativamente superiores ao resto da combinação de tratamento.

Na colheita (Tabela 13.3) a combinação do tratamento de (G_1S_3) adubação verde *in situ de* dhaincha com pulverização foliar de ácido húmico (0,5%) registrou acumulação de matéria seca significativamente maior colina $^{-1}$ seguido pelas combinações de tratamento G_1S_2, G_1S_1 que estavam no mesmo nível de G_1S_3 e significativamente superiores ao resto da combinação de tratamento.

Tabela 13.1 Efeito da interação entre adubação verde e pulverização de estimulantes de crescimento no acúmulo médio de matéria seca (g) colina $^{-1}$ de arroz aos 60 DAT durante o arroz kharif 2019

Tabela de interação		60 DAT		
	TRATAMENTO PRINCIPAL x SUB			
S/M	S1	S2	S3	S4
G1	31.33	33.17	35h00	30.17
G2	27h00	26h50	29h00	23.17
G3	26.33	25h50	29h33	22h50
G4	20h33	17h50	25h00	14,83
SE ±	**3,82**			
CD a 5%	**11h36**	SIG		

Tabela 13.2 Efeito da interação entre adubação verde e pulverização de estimulantes de crescimento no acúmulo médio de matéria seca (g) colina $^{-1}$ de arroz aos 90 DAT durante o arroz kharif 2019

Tabela de interação	90 DAT		

	TRATAMENTO PRINCIPAL x SUB			
S/M	S1	S2	S3	S4
G1	57,00	58,00	61,00	48,33
G2	48,33	49,67	52,33	43,33
G3	47,33	48,33	52,00	40,00
G4	41h00	40,67	47,00	38h00
SE ±	**4,59**			
DC a 5%	**13,62**	SIG		

Tabela 1 3.3 Efeito da interação entre adubação verde e pulverização de estimulantes de crescimento no acúmulo médio de matéria seca (g) colina $^{-1}$ de arroz na colheita durante o arroz kharif 2019

Tabela de interação		Na colheita		
	TRATAMENTO PRINCIPAL x SUB			
S/M	S1	S2	S3	S4
G1	57,83	58,40	61,37	49,87
G2	49.13	50,87	52,00	45,50
G3	49,33	48,33	52,53	42,50
G4	42.17	39,33	47,67	40,00
SE ±	**4,35**			
DC a 5%	**12,92**	SIG		

4.2.5 Número de perfilhos efetivos colina $^{-1}$ na colheita

Os dados relativos ao número de perfilhos efetivos colina $^{-1}$ na colheita, influenciados pelos diferentes tratamentos, estão resumidos na Tabela 14.

Efeito da adubação verde

Os dados da Tabela no. 14 revelaram que a aplicação de adubação verde in situ com dhaincha (G_1) registrou número significativamente maior de perfilhos efetivos colina $^{-1}$ do que o restante dos tratamentos. Contudo, a adubação verde in situ com feijão-caupi forrageiro (G_3) e a adubação verde foliar com glicicídia (G_2) estiveram em pé de igualdade entre si e significativamente maiores que o controle (G_4).

Efeito de estimulantes de crescimento

Os dados da Tabela no. 14 resumiram que um número significativamente maior de perfilhos efetivos colina $^{-1}$ foi registrado no tratamento (S_3) pulverização foliar de ácido húmico (0,5%) em relação ao controle e permanece no mesmo nível da (S_1) pulverização foliar de jivamrit (5%) e (S_3) pulverização foliar de vermiwash (5%) enquanto S_1 e S_3 estiveram no mesmo nível do controle (S_4).

Efeito de interação

Todos os efeitos de interação entre adubação verde e estimulantes de crescimento foram considerados significativos em relação à eficiência dos perfilhos colina $^{-1}$.

A leitura dos dados apresentados na Tabela 14.1 mostrou que a combinação do tratamento de ($G_1 S_3$) adubação verde *in situ de* dhaincha com pulverização foliar de ácido húmico (0,5%) registrou significativamente maior número de perfilhos colina $^{-1}$ seguido pelo tratamento combinações $G_1 S_2$, $G_1 S_1$, $G_3 S_3$, $G_2 S_3$ e $G_3 S_1$, $G_2 S_1$, $G_2 S_2$, $G_3 S_2$ que estavam no mesmo nível de $G_1 S_3$ e significativamente superior em relação ao resto da combinação de tratamento.

Tabela 14: número médio de perfilhos efetivos colina-1 na colheita influenciado periodicamente pelos diferentes tratamentos.

Tratamento	Na colheita
Adubação verde	
G1: Adubação verde *in situ com* dhaincha	5,65
G2: adubação de folhas verdes com glicicídia	4,83
G3: Adubação verde *in situ com feijão-caupi forrageiro*	4,92
G3: Controle	3,83
SE ±	0,21
DC a 5%	0,71
Estimulantes de crescimento	
S1: Pulverização de jivamrut (5%) (30,45 e 60 DAT)	4,92
S2: Pulverização de vermiwash (5%) (30,45 e 60 DAT)	4,81
S3: Pulverização de ácido húmico (0,5%) (30,45 e 60 DAT)	5.33
S4: Controle	4.17
SE ±	0,09
CD a 5%	0,31
Interação	
SE±	0,37
DC a 5%	1.10
Média geral	**4,81**

Tabela 14.1 Efeito da interação entre adubação verde e pulverização de estimulantes de crescimento na média efetiva de perfilhos de arroz na colheita durante o arroz kharif 2019

Tabela de interação				
	TRATAMENTO PRINCIPAL x SUB			
S/M	S1	S2	S3	S4
G1	5,98	6.05	6.07	4,48
G2	4,90	4,70	5h40	4,33
G3	5.03	4,67	5,47	4,50
G4	3,77	3,83	4,37	3,37
SE ±	**0,37**			
DC a 5%	**1.10**	SIG		

4.3 Caracteres de atribuição de rendimento

Dados relativos ao caráter de atribuição de rendimento, a saber, comprimento da panícula (cm), número de panícula de grãos cheios $^{-1}$, número de panícula de grãos não cheios $^{-1}$ e peso teste (g), conforme afetado pelos vários tratamentos, são apresentados na Tabela 15.

Tabela 15: Rendimento médio que atribui características do arroz conforme influenciado pelos diferentes tratamentos

Tratamentos	**Comprimento da panícula (cm)**	**Nº de grãos recheados panícula $^{-1}$**	**Nº de panícula de grãos não preenchida $^{-1}$**	**Peso de teste (g)**
Aplicação de adubo verde				
G_1 : Adubação verde in situ com dhaincha	19,63	88,60	8,71	28.22
G_2 : Adubação de folhas verdes com glicicídia	19.13	81,85	9h00	28.23

G 3 : Adubação verde in situ com feijão-caupi forrageiro	19.06	82,50	8,83	28.23
G 4 : Controle	18.16	65,43	10h25	28.13
SE±	0,20	1.19	0,25	0,02
DC a 5%	0,68	4.10	0,88	E
Pulverização de estimulantes de crescimento aos 30, 45 e 60 DAT				
S 1 : Pulverização de Jeevamrit (5%)	18.79	77,50	8,73	28.21
S 2 : Pulverização de Vermiwash (5%)	18,71	81,83	9.27	28.16
S 3 : Pulverização de ácido húmico (0,5%)	20h18	88,98	7,68	28.24
S4: Controle	18h30	70.07	11.12	28h20
SE±	0,06	0,31	0,47	0,02
DC a 5%	0,21	1.07	1,61	E
Efeito de interação				
SE±	0,44	1,70	0,98	0,05
DC a 5%	E	E	E	E
Média geral	**19**	**79,60**	**9h20**	**28h20**

4.3.1 Comprimento da panícula (cm)

O os dados relativos ao comprimento da panícula de arroz influenciado pelos diferentes tratamentos são apresentados na Tabela 15.

Efeito da adubação verde

O exame minucioso dos dados apresentados na Tabela 15 revelou que a aplicação de adubação verde in situ com dhaincha (G 1) registrou comprimento de panícula significativamente maior que o controle (G_4). Entretanto, o tratamento adubação verde in situ com dhaincha (G_1) esteve no mesmo nível da adubação verde foliar com gliricídia (G_2) e da adubação verde in situ com feijão-caupi forrageiro (G_3).

Efeito de estimulantes de crescimento

A pulverização de estimulantes de crescimento na variedade de arroz *'Ratnagiri-1'* afetou significativamente o comprimento da panícula. Entre os diferentes estimulantes de crescimento, foi registrado comprimento significativamente maior de panícula devido à pulverização de ácido húmico (0,5%) (S_3) em relação ao restante dos tratamentos, enquanto a pulverização de jivamrut (5%) (S_1) e pulverização de vermiwash (5 %) (S_2) que estavam em par entre si e significativos em relação ao controle (S_4).

Efeito de interação

O a interação entre adubação verde e estimulantes de crescimento não foi significativa em relação ao comprimento da panícula.

4.3.2 Número de panícula de grãos cheios $^{-1}$

Os dados referentes ao número de grãos cheios da panícula $^{-1}$ da cultura do arroz influenciado pelos diferentes tratamentos são apresentados na Tabela 15.

Efeito da adubação verde

Os dados da Tabela 15 mostram que a aplicação de adubos verdes influenciou significativamente o número de grãos cheios da panícula $^{-1}$. O tratamento adubação verde in situ com dhaincha (G_1) produziu número significativamente maior de grãos cheios panícula $^{-1}$ em relação aos demais tratamentos. Enquanto a adubação verde in situ com feijão-caupi forrageiro (G_3) e a adubação verde foliar com glicicídia (G_2) estiveram no mesmo nível e significativamente superiores ao controle (G_4).

Efeito de estimulantes de crescimento

O exame minucioso dos dados apresentados na Tabela 15 indica que a pulverização de ácido húmico a 0,5% (S_3) produziu um número significativamente maior de grãos cheios panícula $^{-1}$ do que o resto dos tratamentos. A pulverização de vermiwash @ 5% (S_2) registrou número significativamente maior de grãos cheios panícula $^{-1}$ em relação à pulverização de jivamrut @ 5% (S_1) e controle (G_4) e a pulverização de jivamrut @ 5% (S_1) registrou significativamente maior número de grãos recheados panícula $^{-1}$ em relação ao controle (G_4).

Efeito de interação

O efeito da interação entre adubos verdes e estimulantes de crescimento não foi significativo no caso do número de grãos cheios panícula $^{-1}$.

4.3.3 Número de panícula de grãos sem enchimento $^{-1}$

Os dados fornecidos na Tabela 15 revelaram que o número de grãos sem enchimento da panícula $^{-1}$ foi notavelmente influenciado pela aplicação de adubos verdes e pulverização de estimulantes de crescimento.

Efeito da adubação verde

O o número de grãos sem enchimento da panícula $^{-1}$ foi significativamente influenciado pelos diferentes tratamentos de adubação verde. O número de grãos não preenchidos panícula $^{-1}$ foi menor no tratamento (G_1) adubação verde in situ com dhaincha , (G_3) adubação verde in situ com feijão-caupi forrageiro, (G_2) adubação verde foliar com glicicídia em ordem decrescente que foram em iguais entre si e significativamente menores que o controle (G_4).

Efeito de estimulantes de crescimento

A pulverização de estimulantes de crescimento no arroz afetou significativamente o número de grãos sem enchimento da panícula $^{-1}$. O número de grãos não preenchidos panícula $^{-1}$ foi significativamente menor no tratamento pulverização de ácido húmico @ 0,5% (S_3) seguido pela pulverização de vermiwash @ 5% (S_2), pulverização de jivamrut @ 5% (S_1) que foram em iguais entre si e significativamente menores que o controle (G_4).

Efeito de interação

O efeito da interação entre adubação verde e estimulantes de crescimento não foi significativo no caso do número de grãos sem enchimento panícula $^{-1}$.

4.3.4 Peso de teste (g)

Os dados referentes ao peso médio de 1.000 grãos (g) influenciado pelos diferentes tratamentos são apresentados na Tabela 15.

Efeito da adubação verde

O exame minucioso dos dados apresentados na Tabela 15 mostrou que as diferentes técnicas de adubação verde não exibiram qualquer efeito significativo no peso médio de 1.000 grãos (g) .

Efeito de estimulantes de crescimento

Crescimento os estimulantes indicaram efeito não significativo no peso de mil grãos (g). No entanto, numericamente o maior peso de 1000 grãos de arroz foi observado no tratamento pulverização de ácido húmico (0,5%) (S_3), pulverização de jivamrut (5%) (S_1), pulverização de vermiwash (5%) (S_2) e controle (G_4) nessa ordem decrescente.

Efeito de interação

O efeito da interação devido à adubação verde e aos estimulantes de crescimento foi considerado não significativo em relação ao peso médio de 1.000 grãos (g) durante o ano de estudo.

Tabela 1 6: Produção média de grãos, palha e produção biológica (q ha $^{-1}$) de arroz influenciada por diferentes tratamentos

Tratamentos	Rendimento de grãos (qha $^{-1}$)	Rendimento de palha (qha $^{-1}$)	Biomassa total (qha $^{-1}$)
Aplicação de adubo verde			
G_1: Adubação verde in situ com dhaincha	36.19	45,85	82.04
G_2: Adubação de folhas verdes com glicicídia	31,80	43,89	75,69
G_3: Adubação verde in situ com feijão-caupi forrageiro	30,93	43,31	74,24
G_4: Controle	25,82	27,66	53,48
SE±	1.18	1,91	2,42
DC a 5%	4.08	6,61	8.37
Pulverização de estimulantes de crescimento aos 30, 45 e 60 DAT			
S_1: Pulverização de Jeevamrit (5%)	31,56	39,78	71,35
S_2: Pulverização de Vermiwash (5%)	30h44	40,90	71,34
S_3: Pulverização de ácido húmico (0,5%)	35,91	46,25	82,17
S4: Controle	26,82	33,78	60,60
SE±	1.07	1.17	2h00
DC a 5%	3,71	4.04	6,92
Efeito de interação			
SE±	3,70	6,65	8.19
DC a 5%	11h00	19h75	24h33
Média geral	**31.19**	**40.18**	**71,36**

4.4 Estudos de rendimento

Os dados referentes aos estudos de produtividade , *a saber,* produtividade de grãos, produtividade de palha e biomassa total (q ha $^{-1}$), são apresentados na Tabela 16.

4.4.1 Rendimento de grãos

Os dados referentes à produtividade de grãos (q ha $^{-1}$) influenciada pelos diferentes tratamentos são apresentados na Tabela 16. A produtividade média de grãos foi de 31,19 q ha $^{-1}$.

Efeito da adubação verde

A leitura dos dados apresentados na Tabela 16 revelou que os diferentes adubos verdes influenciaram significativamente o rendimento de grãos (q ha $^{-1}$) do arroz. Esses tratamentos podem ser organizados na seguinte ordem de significância em relação ao rendimento de grãos , *a saber,* adubação verde in situ com dhaincha (G_1) > adubação verde de folhas com glicicídia (G_2) > adubação verde in situ com feijão-caupi forrageiro (G_3) > controle (G_4). No entanto, a adubação verde in situ com dhaincha (G_1) foi significativamente maior do que o resto dos tratamentos, enquanto a adubação verde foliar com gliricídia (G_2) e a adubação verde in situ com feijão-caupi forrageiro (G_3) estavam no mesmo nível e significativamente mais. do que controle.

Efeito de estimulantes de crescimento

Observa-se pelos dados apresentados na Tabela 16 que, dentre os diferentes estimulantes de crescimento, o tratamento com pulverização de ácido húmico (0,5%) (S_3) registrou produtividade de grãos (q ha $^{-1}$) significativamente maior em relação aos demais tratamentos. No entanto, a pulverização de jivamrut (5%) (S_1), a pulverização de vermiwash (5%) (S_2) que estavam no mesmo nível entre si e significativamente mais rendimento de grãos foi encontrada do que o controle (S_4).

Efeito de interação

O efeito da interação entre adubação verde e estimulantes de crescimento foi significativo para o rendimento de grãos. Os dados apresentados na Tabela 16.1 mostraram que o tratamento ($G_1 S_3$) adubação verde in situ com dhaincha combinado com pulverização de ácido húmico (0,5%) apresentou produtividade de grãos significativamente maior (41,07 q ha $^{-1}$) seguido pela combinação de tratamento de ($G_3 S_3$) adubação verde in situ com feijão-caupi forrageiro combinado com pulverização de ácido húmico (0,5%), ($G_1 S_2$) adubação verde in situ com dhaincha tratamento combinado pulverização de vermiwash (5%), ($G_2 S$ 2) $_3$) adubação de folhas verdes com gliricídia tratamento combinado pulverização de ácido húmico (0,5%), ($G_1 S_1$) adubação verde in situ com dhaincha tratamento combinado pulverização de jivamrut (5%), ($G_2 S_1$) adubação verde de folhas com gliricídia combinou o tratamento com pulverização de jivamrut (5%) que estava no mesmo nível da ($G_1 S_3$) adubação verde in situ com dhaincha juntamente com pulverização de ácido húmico (0,5%). Contudo, o rendimento de grãos significativamente menor foi encontrado no controle ($G_4 S_4$).

4.4.2 Produtividade de palha (q ha $^{-1}$)

Os dados referentes à produtividade de palha (q ha $^{-1}$) influenciada pelos diferentes tratamentos são apresentados na Tabela 16.

Efeito da adubação verde

Os dados apresentados na Tabela 16 revelaram que as diferentes adubações verdes influenciaram significativamente a produtividade de palha (q ha^{-1}) do arroz. A adubação verde in situ com dhaincha (G_1) registrou produtividade de palha significativamente maior (45,85 q ha^{-1}) do que o controle (G_4) e em paridade com a adubação verde foliar com gliricídia (G_2) e a adubação verde in situ com feijão-caupi forrageiro (G3).

Efeito de estimulantes de crescimento

Observa-se pelos dados apresentados na Tabela 16 que, dentre os estimulantes de crescimento, o tratamento com pulverização de ácido húmico (0,5%) (S_3) produziu produtividade de palha significativamente maior (46,25 q ha^{-1}) em relação ao restante do tratamento. No entanto, a pulverização de jivamrut (5%) (S_1), a pulverização de vermiwash (5%) (S_2) que estavam no mesmo nível entre si e significativamente mais rendimento de palha foi encontrada do que o controle (S_4).

Efeito de interação

O efeito da interação entre adubação verde e estimulantes de crescimento foi significativo para o rendimento de palha.

Os dados apresentados na Tabela 1 6.2 mostraram que a combinação do tratamento de ($G_1 S_3$) adubação verde in situ com tratamento combinado dhaincha como pulverização de ácido húmico (0,5%) resultou em rendimento de palha significativamente maior de (55,65 q ha^{-1}) em comparação com o resto da combinação de tratamento. No entanto, a combinação de tratamento $G_1 S_2$, $G_3 S_3$,

G_2S_2, G_3S_1, G_2S_1, G_2S_3 que estavam no mesmo nível de G_1S_3

.

4.4.3 Biomassa total (q ha $^{-1}$)

Os dados referentes à biomassa total (q ha $^{-1}$) influenciada pelos diferentes tratamentos são apresentados na Tabela 16.

Efeito da adubação verde

A leitura dos dados apresentados na Tabela 16 indicou que as diferentes adubações verdes influenciaram significativamente a biomassa total (q ha $^{-1}$) do arroz. A adubação verde in situ com dhaincha (G_1) registrou biomassa total significativamente maior do que o controle (G_4) e ficou no mesmo nível da adubação verde foliar com gliricídia (G_2) e da adubação verde in situ com feijão-caupi forrageiro (G_3). Enquanto a adubação verde foliar com glicicídia (G_2) e a adubação verde in situ com feijão-caupi forrageiro (G_3) foram significativamente maiores que o controle.

Efeito de estimulantes de crescimento

Os dados apresentados na Tabela 16 denotam que, dentre os diferentes estimulantes de crescimento, o tratamento com pulverização de ácido húmico @ 0,5% (S_3) produziu biomassa total significativamente maior (82,17 q ha-1) em relação ao restante dos tratamentos. Pulverização de jivamrut a 5% (S_1), pulverização de vermiwash a 5% (S_2) que estavam no mesmo nível e superiores ao controle (S_4).

Efeito de interação

O efeito da interação entre adubação verde e estimulantes de crescimento foi significativo para a biomassa total.

Os dados apresentados na Tabela 16.3 mostraram que a combinação do tratamento de ($G_1 S_3$) adubação verde in situ com dhaincha combinada com pulverização de ácido húmico @ 0,5% (S_3) produziu biomassa total significativamente maior de (96,72 q ha $^{-1}$) seguido pela combinação de tratamento, ou seja, G 1 S 2 , G 3 S 3 , G 2 S 1 , G 2 S 3 , $G_2 S_2$, G 3 S 1 , $G_1 S_1$ que estava no mesmo nível de $G_1 S_3$ e significativo durante o resto da combinação de tratamento.

Tabela 16.1: Efeitos da interação entre adubo verde e estimulantes de crescimento no rendimento de grãos (q ha $^{-1}$) de arroz durante o arroz kharif 2019

Tabela de interação				
	TRATAMENTO PRINCIPAL x SUB			
S/M	S1	S2	S3	S4
G1	35,93	38,49	41.07	29.26
G2	34,83	30h35	36,34	25,69
G3	29,63	25,99	38,96	29.13
G4	25,87	26,93	27.29	23h20
SE ±	3,70			
DC a 5%	11h00	SIG		

Tabela 1 6.2: Efeitos da interação entre adubação verde e estimulantes de crescimento na produção de palha (q ha $^{-1}$) de arroz durante o arroz kharif 2019

Tabela de interação				
	TRATAMENTO PRINCIPAL x SUB			
S/M	S1	S2	S3	S4

G1	38,57	51,68	55,65	37,51
G2	47,37	45,70	43,91	38,58
G3	48.12	36.16	49,48	39,48
G4	25.07	30.04	35,97	19h55
SE ±	**7,82**			
DC a 5%	**23.24**	SIG		

Tabela 16.3: Efeitos da interação entre adubo verde e estimulantes de crescimento no rendimento biológico (q ha $^{-1}$) de arroz durante o arroz kharif 2019

Tabela de interação				
	TRATAMENTO PRINCIPAL x SUB			
S/M	S1	S2	S3	S4
G1	74,50	90,17	96,72	66,77
G2	82,20	76,05	80,25	64,27
G3	77,75	62.16	88,44	68,61
G4	50,94	56,97	63,26	42,75
SE ±	**9.06**			
DC a 5%	**26,93**	SIG		

4.5.1 Estudos de absorção de nutrientes

O conteúdo e a absorção dos principais a saber: nitrogênio, fósforo e potássio foram registrados no grão e na palha do arroz e a absorção total pela cultura na colheita.

Teor de nitrogênio (%) em grãos e palha

O teor de nitrogênio no grão e na palha do arroz, conforme afetado pelos diferentes adubos verdes e estimulantes de crescimento, é apresentado na Tabela 17.

Efeito da adubação verde

O teor de nitrogênio no grão e na palha do arroz foi significativamente influenciado pelos diferentes tratamentos de adubação verde.

Os dados fornecidos na Tabela 17 revelaram que foram observados teores significativamente maiores de nitrogênio nos grãos e na palha no tratamento de adubação verde *in situ com* dhaincha (G_1) em relação ao resto do tratamento, ou seja, adubação verde de folhas com glicicídia (G_2), adubação verde in situ com feijão-caupi forrageiro (G_3) e controle (G_4) exceto no teor de palha, onde adubação verde foliar com gliricídia (G_2), adubação verde in situ com feijão-caupi forrageiro (G_3) que estava no mesmo nível adubação verde in situ com dhaincha (G_1).

Tabela 17: Teor de nitrogênio (%) em grãos e palha influenciado por diferentes tratamentos.

Tratamentos	Conteúdo de nitrogênio em grãos (%)	Teor de nitrogênio na palha (%)
Aplicação de adubo verde		
G_1 : Adubação verde in situ com dhaincha	1.21	0,54
G_2 : Adubação de folhas verdes com glicicídia	1.16	0,50
G_3 : Adubação verde in situ com feijão-caupi forrageiro	1.16	0,48
G_4 : Controle	1.11	0,42
SE±	0,01	0,02
DC a 5%	0,03	0,08

Pulverização de estimulantes de crescimento aos 30, 45 e 60 DAT		
S 1 : Pulverização de Jeevamrit (5%)	1.17	0,50
S 2 : Pulverização de Vermiwash (5%)	1,15	0,49
S 3 : Pulverização de ácido húmico (0,5%)	1,20	0,56
S4: Controle	1.12	0,39
SE±	0,01	0,01
DC a 5%	0,02	0,05
Efeito de interação		
SE±	0,02	0,05
DC a 5%	E	E
Média geral	**1.16**	**0,49**

Efeito de estimulantes de crescimento

O teor de nitrogênio no grão e na palha do arroz foi influenciado significativamente devido aos diferentes estimulantes de crescimento.

Os dados apresentados na Tabela 17 relataram que foram observados teores significativamente maiores de nitrogênio no grão e na palha na pulverização de ácido húmico @ 0,5% (S 3) em relação à pulverização de jivamrut @ 5% (S 1), pulverização de vermiwash @ 5 % (S 2) e controle (S 4). Além disso, descobriu-se que a pulverização de jivamrut a 5% (S 1), a pulverização de vermiwash a 5% (S 2) estavam em pé de igualdade entre si no que diz respeito ao teor de nitrogênio na palha.

Efeito de interação

A interação entre adubação verde e estimulantes de crescimento foi considerada não significativa em relação ao teor de nitrogênio (%) nos grãos e na palha.

Tabela 18: Consumo de nitrogênio (kg ha $^{-1}$) em grãos, palha e consumo total de arroz influenciado pelos diferentes tratamentos.

Tratamento	**Absorção de nitrogênio (kg ha $^{-1}$)**		
	Grão	**Canudo**	**Total**
Aplicação de adubo verde			
G 1 : Adubação verde in situ com dhaincha	43,74	25,76	69,52
G 2 : Adubação de folhas verdes com glicicídia	37.08	22h10	59.18
G 3 : Adubação verde in situ com feijão-caupi forrageiro	35,99	21.02	57.01
G 4 : Controle	28,64	11.69	40,33
SE±	1,33	0,97	1,67
DC a 5%	4,61	3,34	5,77
Pulverização de estimulantes de crescimento aos 30, 45 e 60 DAT			
S 1 : Pulverização de Jeevamrit (5%)	37.01	19.97	56,98
S 2 : Pulverização de Vermiwash (5%)	35,24	20h55	55,79
S 3 : Pulverização de ácido húmico (0,5%)	43.16	26,63	69,80
S4: Controle	30.04	13.41	43,45
SE±	1,32	0,84	1,94
DC a 5%	4,56	2,92	6,70
Efeito de interação			
SE±	4,42	3,65	6.19

DC a 5%	E	E	E
Média geral	**36,36**	**20.13**	**56,50**

4.5.2 Absorção de nitrogênio pelo arroz (kg ha $^{-1}$)

Os dados relativos ao efeito dos diferentes adubos verdes e estimulantes de crescimento na absorção de nitrogênio pelo grão de arroz, palha e seu total são apresentados na Tabela 18.

Efeito da adubação verde

Observa-se pelos dados apresentados na Tabela 18 que, entre as diferentes adubações verdes, o tratamento (G_1) adubação verde in situ com dhaincha registrou absorção significativamente maior de nitrogênio no grão, palha e absorção total de nitrogênio pela cultura ao longo resto da adubação verde, ou seja, (G_2) adubação de folhas verdes com glicicídia , (G_3) adubação verde in situ com feijão-caupi forrageiro que estavam em pé de igualdade entre si no que diz respeito à absorção de nitrogênio nos grãos, palha e absorção total, enquanto o nitrogênio significativamente mais baixo absorção em grãos, palha e absorção total pela cultura em relação ao controle (G_4).

Efeito de estimulantes de crescimento

Os dados apresentados na Tabela 18 indicam que a pulverização de ácido húmico a 0,5% (S_3) registrou valor significativamente maior de absorção de nitrogênio pelos grãos, palha e absorção total pela cultura do que o restante dos tratamentos. Enquanto isso, pulverização de jivamrit @ 5% (S_1) e pulverização de vermiwash @ 5% (S_2) que estavam no mesmo nível e superiores ao controle (S_4).

Efeito de interação

O efeito da interação entre adubação verde e estimulantes de crescimento foi considerado não significativo no caso da absorção de nitrogênio pelos grãos, palha e absorção total pela cultura.

4.5.3 Teor de fósforo (%) em grãos e palha

Os dados relativos ao teor de fósforo no grão e palha de arroz (%) influenciado pelos diversos tratamentos são apresentados na Tabela 19.

Efeito da adubação verde

O teor de fósforo (%) no grão e na palha de arroz foi significativamente influenciado pelos diferentes tratamentos de adubação verde.

Os dados observados na Tabela 19 revelaram que foram observados teores significativamente maiores de fósforo nos grãos e na palha no tratamento de adubação verde in situ com dhaincha (G_1) em relação aos demais tratamentos. A aplicação de adubação verde in situ com feijão-caupi forrageiro (G_3), a adubação verde foliar com glicicídia (G_2) registrou teores significativamente maiores que o controle (G_4).

Tabela 19: Conteúdo de fósforo (%) em grãos e palha influenciado por diferentes tratamentos.

Tratamentos	Teor de fósforo nos grãos (%)	de fósforo na palha (%)
Aplicação de adubo verde		
G_1: Adubação verde in situ com dhaincha	0,237	0,094

G 2 : Adubação de folhas verdes com glicicídia	0,209	0,082
G 3 : Adubação verde in situ com feijão-caupi forrageiro	0,224	0,084
G 4 : Controle	0,193	0,072
SE±	0,003	0,003
DC a 5%	0,009	0,009
Pulverização de estimulantes de crescimento aos 30, 45 e 60 DAT		
S 1 : Pulverização de Jeevamrit (5%)	0,210	0,082
S 2 : Pulverização de Vermiwash (5%)	0,216	0,084
S 3 : Pulverização de ácido húmico (0,5%)	0,234	0,095
S4: Controle	0,202	0,072
SE±	0,002	0,002
DC a 5%	0,008	0,008
Efeito de interação		
SE±	0,006	0,008
DC a 5%	E	E
Média geral	**0,22**	**0,08**

Efeito de estimulantes de crescimento

Fica evidente pelos dados apresentados na Tabela 19 que a pulverização de ácido húmico @ 0,5% (S 3) registrou valor significativamente maior de teor de fósforo em grãos e palha em relação à pulverização de jivamrut @ 5% (S1), pulverização de vermiwash @ 5% (S 2) e controle (S 4). No entanto, a pulverização de jivamrut @ 5% (S 1), a pulverização de vermiwash @ 5% (S 2) que estavam no mesmo nível em relação ao teor de fósforo nos grãos e na palha e significativamente mais do que o controle.

Efeito de interação

O O efeito de interação entre adubação verde e estimulantes de crescimento foi considerado não significativo em relação ao teor de fósforo (%) nos grãos e na palha.

Tabela 20: Absorção de fósforo (kg ha $^{-1}$) no grão, palha e absorção total de fósforo pelo arroz influenciada pelos diferentes tratamentos.

Tratamento	Absorção de fósforo (kg ha $^{-1}$)		
	Grão	**Canudo**	**Total**
Aplicação de adubo verde			
G $_1$ **:** Adubação verde in situ com dhaincha	8,63	4h40	13.03
G $_2$ **:** Adubação de folhas verdes com glicicídia	6,66	3,61	10.27
G $_3$ **:** Adubação verde in situ com feijão-caupi forrageiro	6,98	3,62	10,65
G $_4$ **:** Controle	5.01	2.09	7.10
SE±	0,24	0,22	0,36
DC a 5%	0,85	0,77	1,26
Pulverização de estimulantes de crescimento aos 30, 45 e 60 DAT			
S $_1$ **:** Pulverização de Jeevamrit (5%)	6,67	3,35	10.03
S $_2$ **:** Pulverização de Vermiwash (5%)	6,64	3,48	10.12
S $_3$ **:** Pulverização de ácido húmico (0,5%)	8,52	4,42	12h95
S4: Controle	5,44	2,52	7,95

SE±	0,23	0,16	0,33
DC a 5%	0,79	0,55	1,15
Efeito de interação			
SE±	0,81	0,62	1,28
DC a 5%	E	E	E
Média geral	**6,82**	**3,44**	**10.26**

4.5.4 Absorção de fósforo pelo arroz (kg ha $^{-1}$)

Os dados relativos ao efeito dos diferentes adubos verdes e estimulantes de crescimento na absorção de fósforo pelo grão de arroz, palha e sua absorção total são apresentados na Tabela 20.

Efeito da adubação verde

Verifica-se pelos dados apresentados na Tabela 20 que, dentre as diferentes adubações verdes, o tratamento adubação verde in situ com dhaincha (G_1) registrou valor significativamente maior de absorção de fósforo no grão, palha, bem como absorção total pelo colheita durante o resto do tratamento. No entanto, a adubação verde foliar com glicicídia (G_2) e a adubação verde in situ com feijão nhemba forrageiro (G_3) estão em pé de igualdade entre si no que diz respeito à absorção de fósforo no grão, na palha, bem como na absorção total e significativamente superiores ao controlo.

Efeito de estimulantes de crescimento

É evidente a partir dos dados apresentados na Tabela 20 que a pulverização de ácido húmico a 0,5% (S_3) registrou valor significativamente maior de absorção de fósforo no grão, palha e absorção total pela cultura do que os demais tratamentos. No entanto, a pulverização de jivamrut a 5% (S_1), a pulverização de vermiwash a 5% (S_2), que estavam no mesmo nível em relação à absorção de fósforo nos grãos, palha e absorção total e significativamente maior que o controle.

Efeito de interação

O efeito da interação entre adubação verde e estimulantes de crescimento não foi significativo no caso da absorção de fósforo pelos grãos, palha e absorção total.

4.5.5 Teor de potássio (%) em grãos e palha

Os dados referentes ao teor de potássio no grão e na palha (%) do arroz influenciados pelos diferentes tratamentos de adubação verde e estimulantes de crescimento durante a experimentação são apresentados na Tabela 21.

Efeito da adubação verde

Os dados fornecidos na Tabela 21 revelaram que o teor de potássio no grão e na palha do arroz foi significativamente influenciado pelos diferentes tratamentos de adubação verde. Foi observado teor significativamente maior de potássio no grão e na palha no tratamento de adubação verde in situ com dhaincha (G_1) do que nos demais tratamentos. Enquanto a aplicação de adubação verde in situ com feijão-caupi forrageiro (G_3), a adubação verde foliar com glicicídia (G_2) esteve no mesmo nível e significativamente maior que o controle (G_4).

Tabela 21: Teor de potássio (%) em grãos e palha de arroz influenciado por diferentes tratamentos.

Tratamentos	Teor de potássio em grãos (%)	Teor de potássio na palha (%)

Aplicação de adubo verde		
G 1 : Adubação verde in situ com dhaincha	0,355	1.136
G 2 : Adubação de folhas verdes com glicicídia	0,337	1.071
G 3 : Adubação verde in situ com feijão-caupi forrageiro	0,341	1.051
G 4 : Controle	0,320	0,900
SE±	0,002	0,005
DC a 5%	0,006	0,019
Pulverização de estimulantes de crescimento aos 30, 45 e 60 DAT		
S 1 : Pulverização de Jeevamrit (5%)	0,339	1.043
S 2 : Pulverização de Vermiwash (5%)	0,336	1.035
S 3 : Pulverização de ácido húmico (0,5%)	0,353	1.135
S4: Controle	0,325	0,944
SE±	0,002	0,007
DC a 5%	0,007	0,023
Efeito de interação		
SE±	0,007	0,016
DC a 5%	E	E
Média geral	**0,34**	**1.04**

Efeito de estimulantes de crescimento

A leitura dos dados apresentados na Tabela 21 revelou que o teor de potássio no grão e na palha de arroz foi significativamente influenciado pelos diferentes estimulantes de crescimento. A pulverização de ácido húmico @ 0,5% (S 3) registrou valor significativamente maior de teor de potássio em grãos e palha em relação à pulverização de jivamrut @ 5% (S1), pulverização de vermiwash @ 5% (S_2) e controle (S_4) . No entanto, a pulverização de jivamrut a 5% (S_1), a pulverização de vermiwash a 5% (S_2) que estavam no mesmo nível em relação ao teor de potássio nos grãos e na palha e significativamente maiores que o controle.

Efeito de interação

O O efeito de interação entre adubação verde e estimulantes de crescimento foi considerado não significativo em relação ao teor de potássio (%) nos grãos e na palha.

Tabela 2 2: Absorção de potássio (kg ha $^{-1}$) em grãos, palha e absorção total pelo arroz influenciada pelos diferentes tratamentos.

Tratamento	Absorção de potássio (kg ha $^{-1}$)		
	Grão	**Canudo**	**Total**
Aplicação de adubo verde			
G 1 : Adubação verde in situ com dhaincha	12,89	52,36	73,92
G 2 : Adubação de folhas verdes com glicicídia	10,72	47.18	65.04
G 3 : Adubação verde in situ com feijão-caupi forrageiro	10.61	45,70	63,71
G 4 : Controle	8.28	24,92	38,81
SE±	0,38	1,87	2.21
DC a 5%	1,32	6,68	7,65
Pulverização de estimulantes de crescimento aos 30, 45 e 60 DAT			
S 1 : Pulverização de Jeevamrit (5%)	10,73	42h00	59,96
S 2 : Pulverização de Vermiwash (5%)	23/10	42,82	60.01

S 3 : Pulverização de ácido húmico (0,5%)	12,78	53.17	74,76
S4: Controle	8,75	32.17	46,74
SE±	0,39	1,32	1,49
DC a 5%	1,33	4,57	5.16
Efeito de interação			
SE±	1,24	6,83	13,76
DC a 5%	E	E	E
Média geral	**10,62**	**42,53**	**60,36**

4.5.6 Absorção de potássio pelo arroz (kg ha $^{-1}$)

Os dados relativos ao efeito dos diferentes tratamentos de adubação verde e estimulantes de crescimento na absorção de potássio pelo grão de arroz, palha e absorção total pela cultura são apresentados na Tabela 22.

Efeito da adubação verde

Observa-se pelos dados apresentados na Tabela 22 que, entre as diferentes adubações verdes, o tratamento adubação verde in situ com dhaincha (G $_1$) registrou valor significativamente maior de absorção de potássio no grão, palha, bem como absorção total pelo colheita durante o resto do tratamento e adubação verde in situ com dhaincha (G $_1$) em paridade com adubação de folhas verdes com gliricídia (G $_2$) e adubação verde in situ com feijão-caupi forrageiro (G $_3$) em relação à absorção de palha. No entanto, a adubação verde de folhas com gliricídia (G $_2$) e a adubação verde in situ com feijão nhemba forrageiro (G $_3$) estão em pé de igualdade entre si no que diz respeito à absorção de potássio no grão, bem como à absorção total.

Efeito de estimulantes de crescimento

É evidente a partir dos dados apresentados na Tabela 22 que a pulverização de ácido húmico a 0,5% (S_3) registrou valor significativamente maior de absorção de potássio no grão, palha e absorção total pela cultura do que os demais tratamentos. No entanto, a pulverização de jivamrut @ 5% (S_1), pulverização de vermiwash @ 5% (S_2) que estava no mesmo nível em relação à absorção de potássio em grãos, palha e absorção total e significativamente mais do que o controle.

Efeito de interação

O efeito da interação entre adubação verde e estimulantes de crescimento não foi significativo no caso da absorção de potássio pelos grãos, palha e absorção total.

4.6 Estado dos nutrientes disponíveis no solo

4.6.1 Nitrogênio, fósforo e potássio disponíveis (kg ha $^{-1}$) no solo (após a colheita).

Os dados referentes às médias de nitrogênio, fósforo e potássio disponíveis (kg ha $^{-1}$) no solo após a colheita do arroz influenciados pelos diferentes tratamentos de adubação verde e estimulantes de crescimento são apresentados na Tabela 21. Observou-se que N, P e O K no solo foi significativamente influenciado pelos diferentes tratamentos.

Tabela 23: Efeito da adubação verde e dos estimulantes de crescimento sobre o nitrogênio, fósforo e potássio disponíveis no solo (kg ha $^{-1}$) no solo após a colheita do arroz.

Tratamentos	Nitrogênio disponível (kg ha $^{-1}$)	Fósforo disponível (kg ha $^{-1}$)	Potássio disponível (kg ha $^{-1}$)
Aplicação de adubo verde			
G 1 : Adubação verde in situ com dhaincha	291.13	21.21	270,77
G 2 : Adubação de folhas verdes com glicicídia	286,94	19.98	267,74
G 3 : Adubação verde in situ com feijão-caupi forrageiro	285,48	18,66	269,42
G 4 : Controle	271,53	17h46	259,71
SE±	1,67	0,70	2.16
DC a 5%	5,78	2,43	7,46
Pulverização de estimulantes de crescimento aos 30, 45 e 60 DAT			
S 1 : Pulverização de Jeevamrit (5%)	284,35	19,68	265,75
S 2 : Pulverização de Vermiwash (5%)	282,85	19,63	267.14
S 3 : Pulverização de ácido húmico (0,5%)	285.11	19h23	268.07
S4: Controle	282,76	18,77	266,68
SE±	2,58	0,53	0,55
DC a 5%	E	E	E
Efeito de interação			
SE±	6,74	1,62	3,25
DC a 5%	E	E	E

Média geral	283,77	19h33	71,61

Efeito da adubação verde

Vislumbres dos dados apresentados na Tabela 23 implicam que foram observados valores significativamente mais elevados de nitrogênio, fósforo e potássio disponíveis no solo após a colheita do arroz sob tratamento de adubação verde in situ com dhaincha em relação ao controle. Além disso, no caso de nitrogênio e potássio no solo após a colheita da cultura (G_2), adubação verde de folhas com gliricídia e adubação verde in situ com feijão-caupi forrageiro que estava no mesmo nível (G_1) adubação verde in situ com dhaincha e significativamente superior ao controle.

Efeito de estimulantes de crescimento

A partir dos dados apresentados na Tabela 23 observou-se que o nitrogênio, o fósforo e o potássio disponíveis após a colheita do arroz não foram significativamente influenciados pelos vários tratamentos com estimulantes de crescimento.

Efeito de interação

Os efeitos de interação não exibiram qualquer efeito significativo em relação ao nível de nitrogênio, fósforo e potássio disponíveis no solo (Tabela 23).

4.6.2 PH do solo, condutividade elétrica e carbono orgânico após a colheita da cultura.

Os dados relativos ao pH médio disponível, condutividade elétrica e carbono orgânico no solo após a colheita do arroz, influenciados pelos diferentes tratamentos de adubação verde e estimulantes de crescimento, são apresentados na Tabela 24.

Efeito da adubação verde

Os dados apresentados na Tabela 24 denotam que, entre os diferentes tratamentos de adubação verde estudados, o pH e a condutividade elétrica do solo após a colheita do arroz não foram influenciados significativamente. No entanto, foi registado um valor significativamente mais elevado de carbono orgânico no tratamento (G_1) de adubação verde in situ com dhaincha em relação ao resto dos tratamentos de adubação verde.

Efeito de estimulantes de crescimento

Os dados apresentados na Tabela 24 mostraram que, entre os diferentes tratamentos com estimulantes de crescimento em estudo, o pH, a condutividade elétrica e o carbono orgânico no solo após a colheita do arroz não foram influenciados significativamente.

Efeito de interação

O efeito de interação entre os vários tratamentos foi considerado não significativo entre si em relação ao pH, condutividade elétrica e carbono orgânico.

Tabela 24: Médias de pH, condutividade elétrica (dS m $^{-1}$) e carbono orgânico (g kg $^{-1}$) do solo afetados pelos diferentes tratamentos.

Tratamentos	pH	Condutividade elétrica (dS m $^{-1}$)	carbono orgânico (g kg $^{-1}$)
Aplicação de adubo verde			
G_1 : Adubação verde in situ com dhaincha	5,37	0,023	15.58
G_2 : Adubação de folhas verdes com glicicídia	5h20	0,014	14,83

G 3 : Adubação verde in situ com feijão-caupi forrageiro	5.09	0,013	14,94
G 4 : Controle	5.07	0,013	14.13
SE±	0,09	0,003	0,24
DC a 5%	E	E	0,85
Pulverização de estimulantes de crescimento aos 30, 45 e 60 DAT			
S 1 : Pulverização de Jeevamrit (5%)	5.22	0,015	15.08
S 2 : Pulverização de Vermiwash (5%)	5.21	0,016	14.58
S 3 : Pulverização de ácido húmico (0,5%)	5.16	0,018	15.08
S4: Controle	5.15	0,014	14,76
SE±	0,03	0,001	0,13
DC a 5%	E	E	E
Efeito de interação			
SE±	0,15	0,01	0,62
DC a 5%	E	E	E
Média geral	**5.18**	**0,02**	**14,87**

4.7 Balanço de nitrogênio, fósforo e potássio disponíveis no solo (kg ha $^{-1}$).

Os dados relativos ao balanço de nitrogênio, fósforo e potássio disponíveis no solo após a colheita do arroz, influenciado pelas diferentes combinações de tratamento, são apresentados nas Tabelas 24, 25 e 26. Os valores de nitrogênio, fósforo e potássio disponíveis no solo foram maior na combinação de tratamento G $_1$ S $_3$ (294,78, 21,32 e 272,03 kg ha $^{-1}$), ou seja, adubação verde in situ com dhaincha (G $_1$) combinada com @ 0,5% de ácido húmico (S $_3$). Os menores N, P e K disponíveis foram observados sob a combinação de tratamento G_4S_4 (269,7, 16,93 e 258,08 kg ha $^{-1}$), ou seja, sem adubação verde (G_4) e sem estimulantes de crescimento S_4).

Tabela 25: Balanço de nitrogênio disponível (kg ha $^{-1}$) influenciado por diferentes combinações de tratamento após a colheita do arroz

Tratamentos	Inicial disponível N (kg ha $^{-1}$)	Adição de N através de adubação verde	Total disponível N (kg ha $^{-1}$)	Remoção de N por cultura	Saldo esperado de N disponível	Real equilíbrio de disponível N	Ganho ou perda líquida de N disponível	Ganho/perda real kg h $^{-1}$
1	2	3	4	5	6 (4-5)	7	8 (7-6)	9(7-2)
G_1S_1	266,64	155,1	421,74	65,12	356,62	291,65	-64,97	25.01
G_1S_2	266,64	155,1	421,74	74,60	347.14	290,6	-56,54	23,96
G_1S_3	266,64	155,1	421,74	90,35	331,39	294,78	-36,61	28.14
G_1S_4	266,64	155,1	421,74	47,92	373,82	287,47	-86,35	20,83
G_2S_1	266,64	138	404,64	63,72	340,92	289,56	-51,36	22,92
G_2S_2	266,64	138	404,64	61,68	342,96	286,42	-56,54	19,78
G_2S_3	266,64	138	404,64	65,51	339,13	284,33	-54,80	17,69
G_2S_4	266,64	138	404,64	45,80	358,85	287,47	-71,37	20,83
G_3S_1	266,64	122,85	389,49	56,81	332,68	286,5	-46,18	19,86
G_3S_2	266,64	122,85	389,49	46.01	343,48	283,63	-59,85	16,99
G_3S_3	266,64	122,85	389,49	75,82	313,67	286,42	-27,25	19,78
G_3S_4	266,64	122,85	389,49	49,40	340,09	285,38	-54,71	18,74

G_4S_1	266,64	0	266,64	42,26	224,38	270,74	45,32	5.06
G_4S_2	266,64	0	266,64	40,85	225,79	270,74	44,95	4.1
G_4S_3	266,64	0	266,64	47,51	219.13	274,92	55,79	8.28
G_4S_4	266,64	0	266,64	30,67	235,97	269,7	33,77	4.1

Tabela 26: Balanço de fósforo disponível (kg ha $^{-1}$) influenciado por diferentes combinações de tratamento após a colheita do arroz

Tratamentos	P inicial disponível (kg ha $^{-1}$)	Adição de P através de adubação verde	P total disponível (kg ha $^{-1}$)	Remoção de P por cultura	Saldo esperado de P disponível	Saldo real de P disponível	Ganho ou perda líquida de P disponível	Ganho/ perda real kg ha $^{-1}$
1	**2**	**3**	**4**	**5**	**6 (4-5)**	**7**	**8 (7-6)**	**9(7-2)**
G_1S_1	16,77	47,94	64,71	11.98	52,73	21.26	-31,47	4,49
G_1S_2	16,77	47,94	64,71	14.04	50,67	21.16	-29,51	4,55
G_1S_3	16,77	47,94	64,71	16,68	48.03	21h32	-26,71	4,39
G_1S_4	16,77	47,94	64,71	9.42	55,29	21.1	-34,19	4,33

G_2S_1	16,77	25,5	42,27	11h20	31.07	20.71	-10.36	3,94
G_2S_2	16,77	25,5	42,27	10.03	32.24	20,66	-11.58	3,89
G_2S_3	16,77	25,5	42,27	11.99	30.28	19h38	-10,90	2,61
G_2S_4	16,77	25,5	42,27	7,86	34,41	19.16	-15h25	2,39
G_3S_1	16,77	12h15	28,92	10.24	18,68	18h99	0,31	2.22
G_3S_2	16,77	12h15	28,92	8,99	19,93	18,93	-1,00	2.16
G_3S_3	16,77	12h15	28,92	14.18	14,74	18,82	4.08	2.05
G_3S_4	16,77	12h15	28,92	9.19	19,73	17,89	-1,84	1.12
G_4S_1	16,77	0	16,77	6,68	10.09	17,77	7,68	1
G_4S_2	16,77	0	16,77	7,43	9h34	17.6	8.26	0,83
G_4S_3	16,77	0	16,77	8,93	7,84	17h55	9,71	0,78
G_4S_4	16,77	0	16,77	5,34	11h43	16,93	5,50	0,16

Tabela 27: Balanço de potássio disponível (kg ha $^{-1}$) influenciado por diferentes combinações de tratamento após a colheita do arroz

Tratamentos	K inicial disponível (kg ha $^{-1}$)	Adição de K através de adubação verde	K total disponível (kg ha $^{-1}$)	Remoção de K por cultura	Saldo esperado de K disponível	Real equilíbrio de Disponível K	Ganho ou perda líquida de K disponível	Ganho/perda real kg ha $^{-1}$
1	2	3	4	5	6 (4-5)	7	8 (7-6)	9(7-2)
G_1S_1	260,52	31h49	292.01	66,42	225,59	269,97	44,38	9h45
G_1S_2	260,52	31h49	292.01	78,48	213,53	270,42	58,50	11.51
G_1S_3	260,52	31h49	292.01	94.01	198,00	272.03	72,42	9,9
G_1S_4	260,52	31h49	292.01	56,76	235,25	270,67	35,42	10h15
G_2S_1	260,52	57,5	318.02	70,64	247,38	266,58	19h20	6.06
G_2S_2	260,52	57,5	318.02	66,00	252.02	267,75	15,73	7.23
G_2S_3	260,52	57,5	318.02	75,26	242,76	269,3	26,54	8,78
G_2S_4	260,52	57,5	318.02	48,25	269,77	267,33	-2,44	6,81
G_3S_1	260,52	101,25	361,77	65,40	296,37	268,37	-28h00	7,85
G_3S_2	260,52	101,25	361,77	54,20	307,57	269.04	-38,53	8,52
G_3S_3	260,52	101,25	361,77	82,28	279,49	271.08	-8,41	10.56
G_3S_4	260,52	101,25	361,77	52,94	308,83	269,17	-39,66	8,65
G_4S_1	260,52	0	260,52	37h40	223.12	259,54	34,96	-2,44

G_4S_2	260,52	0	260,52	41,35	219.17	259,72	40,55	-0,8
G_4S_3	260,52	0	260,52	47,48	213.05	261,49	48,45	0,97
G_4S_4	260,52	0	260,52	29.03	231,49	258.08	28.05	-0,98

4.8 Estudos microbianos do solo

Os dados relativos aos estudos microbianos do solo do arroz influenciados pelos diferentes tratamentos de adubação verde e estimulantes de crescimento são apresentados na Tabela 28.

Efeito da adubação verde

Os dados apresentados na Tabela 28 denotam que a maior população de bactérias, actinomicetos e fungos foi observada no tratamento de (G_1) adubação verde in situ com dhaincha seguido de (G_2) adubação verde de folhas com glicicídia que estava no mesmo nível de cada outro. A contagem microbiana mais baixa foi encontrada no tratamento controle (G_4).

Efeito de estimulantes de crescimento

Os dados apresentados na Tabela 28 mostraram que, entre os diferentes estimulantes de crescimento sob estudos microbianos do solo, não foram influenciados significativamente.

Efeito de interação

Os efeitos de interação não exibiram qualquer efeito significativo em relação à contagem microbiana do solo.

Tabela 28: Efeito da adubação verde e dos estimulantes de crescimento nas propriedades microbianas do solo após a colheita da cultura.

Tratamentos	Bactérias (UFC x 10^{-4} g^{-1} solo)	Actinomicetos (UFC x 10^{-4} g^{-1} solo)	Fungos (UFC x 10^{-4} g^{-1} solo)

Aplicação de adubo verde			
G 1 : Adubação verde in situ com dhaincha	81.08	50,67	19h47
G 2 : Adubação de folhas verdes com glicicídia	70,50	46,33	18h42
G 3 : Adubação verde in situ com feijão-caupi forrageiro	69,83	46,17	17h58
G 4 : Controle	58,42	41,92	15,67
SE±	3.20	1.16	0,39
DC a 5%	11.08	4h00	1,36
Pulverização de estimulantes de crescimento aos 30, 45 e 60 DAT			
S 1 : Pulverização de Jeevamrit (5%)	70,17	48,00	17h75
S 2 : Pulverização de Vermiwash (5%)	71,67	46,75	17,67
S 3 : Pulverização de ácido húmico (0,5%)	70,58	45,75	17,83
S4: Controle	67,42	44,67	17,88
SE±	2,76	1,51	0,56
DC a 5%	E	E	E
Efeito de interação			
SE±	7.14	3.22	1,27
DC a 5%	E	E	E
Média geral	**69,96**	**46,27**	**17,78**

4.9 Economia dos diferentes tratamentos

Os dados sobre a economia relativa ao custo do cultivo, retorno bruto, retorno líquido e relação custo-benefício (B: C) sob vários tratamentos são fornecidos na Tabela 28.

4.9.1 Custo do cultivo

Os dados referentes ao custo do cultivo do arroz influenciado pelos diferentes adubos verdes e estimulantes de crescimento são apresentados na Tabela 29. A interferência foi extraída do valor médio, pois os dados não foram analisados estatisticamente .

Tabela 29: Efeito da adubação verde e dos estimulantes de crescimento na economia do arroz.

Tratamentos	Custo do cultivo (Rs. ha $^{-1}$)	Retorno bruto (Rs. ha $^{-1}$)	Retornos líquidos (Rs. ha $^{-1}$)	Relação B:C
Aplicação de adubo verde				
G $_1$: Adubação verde in situ com dhaincha	88950,57	87426,38	-1524,19	0,98
G $_2$: Adubação de folhas verdes com glicicídia	94463,98	79086.14	-15377,84	0,84
G $_3$: Adubação verde in situ com feijão-caupi forrageiro	88955,47	75116.19	-13839,28	0,84
G $_4$: Controle	75322.21	61718.37	-13603,85	0,82
Pulverização de estimulantes de crescimento aos 30, 45 e 60 DAT				
S $_1$: Pulverização de Jeevamrit (5%)	84525.04	76759,58	-7765,46	0,90

S $_2$: Pulverização de Vermiwash (5%)	86493,91	74080,53	-12413,37	0,85
S $_3$: Pulverização de ácido húmico (0,5%)	95322,30	87896,38	-7425,92	0,93
S4: Controle	81350,99	64610,58	-16740,42	0,79

Efeito da adubação verde

O vislumbre da Tabela 29 insinuou que o custo do cultivo do arroz foi maior no tratamento (G $_2$) adubação verde foliar com glicicídia que foi seguido pelo tratamento (G $_1$) adubação verde in situ com dhaincha , (G3) adubação verde in situ com feijão-caupi forrageiro e (G $_4$) controle em ordem decrescente.

Efeito de estimulantes de crescimento

O custo do cultivo foi maior no tratamento (S $_3$) pulverização de ácido húmico @ 0,5% que foi seguido pelo tratamento (S $_2$) pulverização de vermiwash @ 5%, (S $_1$) pulverização de jivamrut @ 5% e (S $_4$) controle em ordem decrescente, respectivamente.

4.9.2 Retornos brutos

O os dados relativos ao retorno bruto do cultivo do arroz influenciado pela adubação verde e pelos estimulantes de crescimento são apresentados na Tabela 29.

Efeito da adubação verde

Em caso de retorno bruto, a (G $_1$) adubação verde in situ com dhaincha (Rs. 87426 ha $^{-1}$) registrou maiores retornos brutos seguidos por (G_2) adubação verde foliar com glicicídia , (G_3) adubação verde in situ com feijão-caupi forrageiro e (G_4) controle em ordem decrescente.

Efeito de estimulantes de crescimento

O retorno bruto foi máximo no tratamento (S_3) pulverização de ácido húmico a 0,5% (Rs. 87.896 ha $^{-1}$) que foi seguido por (S_1) pulverização de jivamrut a 5%, (S_2) pulverização de vermiwash a 5% e (S_4) controle em ordem decrescente.

4.9.3 Retorno líquido

Os dados relativos ao retorno líquido obtido com os diferentes tratamentos são apresentados na Tabela 29.

Efeito da adubação verde

Fica claro pelos dados apresentados na Tabela 29 que a tendência do retorno líquido foi semelhante à do retorno bruto. O retorno líquido foi maior no tratamento (G_1) adubação verde in situ com dhaincha (Rs. -1.524 ha $^{-1}$) seguido por (G_2) adubação verde foliar com glicicídia , (G_3) adubação verde in situ com feijão-caupi forrageiro e (G_4) controle nessa ordem decrescente.

Efeito de estimulantes de crescimento

O retorno líquido foi máximo no tratamento (S_3) pulverização de ácido húmico a 0,5% (Rs. -7.425 ha $^{-1}$) seguido de (S_1) pulverização de jivamrut @ 5%, (S_2) pulverização de vermiwash @ 5% e (S_4) controle em ordem decrescente.

4.9.4 Relação B:C

Os dados referentes à relação B:C do arroz influenciada por diferentes adubações verdes e estimulantes de crescimento são apresentados na Tabela 29.

Efeito da adubação verde

A média da relação benefício máximo: custo (0,98) foi dada pelo tratamento (G_1) adubação verde in situ com dhaincha seguido de (G_2) adubação verde foliar com glicicídia , (G_3) adubação verde in situ com feijão-caupi forrageiro . A menor relação benefício:custo (0,82) foi registrada pelo controle (S_4) .

Efeito de estimulantes de crescimento

A relação benefício: custo foi máxima com (S_3) pulverização de ácido húmico a 0,5% (0,93) , seguida por (S_1) pulverização de jivamrut a 5%, (S_2) pulverização de vermiwash a 5% e (S_2) pulverização de vermiwash a 5% e (S_4) controle.

Tabela 30: Efeito de diferentes combinações de tratamento na economia do arroz

Tratamentos	Custo de cultivo (Rs.ha $^{-1}$)	Retornos brutos (Rs.ha $^{-1}$)	Retornos Líquidos (Rs.ha $^{-1}$)	B: Razão C
$G_1 S_1$	87482	86127.08	-1354,76	0,98
$G_1 S_2$	91230	94122.04	2892,33	1.03
$G_1 S_3$	93927	101663.36	7736.01	1.08
$G_1 S_4$	83163	67793.04	-15370,35	0,81
$G_2 S_1$	89539	86538,92	-3000,36	0,97
$G_2 S_2$	90172	75843,64	-14328,47	0,84
$G_2 S_3$	114072	88561.13	-25511,31	0,78
$G_2 S_4$	84072	65400,87	-18671,24	0,77
$G_3 S_1$	87553	74217.03	-13336,40	0,85
$G_3 S_2$	87955	62133,70	-25821,22	0,70
$G_3 S_3$	94625	93508.47	-1116,32	0,99
$G_3 S_4$	85689	70605.54	-15083,20	0,82
$G_4 S_1$	73526	60155,30	-13370,31	0,82
$G_4 S_2$	76619	64222,76	-12396,14	0,84
$G_4 S_3$	78665	67852,56	-10812,05	0,86

G_4S_4	72480	54642,86	-17836,89	0,75

4.9.5 Economia da combinação de tratamento

A economia da combinação de tratamento em relação ao custo de cultivo (Rs. ha $^{-1}$), retorno bruto (Rs. ha $^{-1}$), retorno líquido (Rs. ha $^{-1}$) e relação B:C do arroz foi calculada e apresentado na Tabela 30. Os dados apresentados na Tabela 30 indicam que o maior custo de cultivo foi registrado sob a combinação do tratamento de (G_2S_3) adubação verde com gliricídia juntamente com pulverização de ácido húmico @ 0,5% de (114072 ha $^{-1}$) no arroz. . O menor custo envolvido na combinação do tratamento (G_4S_4) sem adubação verde combinada com sem estimulantes de crescimento de (72.480 ha $^{-1}$).

O maior retorno bruto foi obtido pela combinação de tratamento de G_1S_3, ou seja, adubação verde in situ com dhaincha combinada com pulverização de ácido húmico a 0,5%, que foi de Rs. 10.1663 ha $^{-1}$. O menor retorno bruto obtido pela combinação de tratamento de (G_4S_4) sem adubação verde combinada com nenhum estimulante de crescimento de (Rs. 54.642 ha $^{-1}$).

Os dados apresentados na Tabela 30 revelaram que os maiores retornos líquidos foram obtidos quando a cultura do arroz foi aplicada com adubação verde in situ com dhaincha juntamente com pulverização de ácido húmico a 0,5% (Rs. 7.736 ha $^{-1}$). Seguiu-se o tratamento de adubação verde in situ com dhaincha juntamente com pulverização de vermiwash a 5% (Rs. 2.892 ha $^{-1}$).

Pode-se observar também pelos dados apresentados na Tabela 30 que a maior relação B:C (1,08) foi obtida quando o arroz foi tratado com (G_1S_3) adubação verde in situ com dhaincha combinada com pulverização de ácido húmico @ 0,5% que foi seguido pelo tratamento

(G_1S_2) de adubação verde in situ com dhaincha juntamente com pulverização de vermiwash @ 5% (1,03).

CAPÍTULO-V

DISCUSSÃO

O experimento intitulado "Resposta do arroz transplantado cultivado organicamente (Oryza sativa L.) a diferentes fontes de adubação verde e estimulantes de crescimento sob solos lateríticos de konkan ." foi conduzido na Fazenda Agronomia, Faculdade de Agricultura, Dapoli , Dist. Ratnagiri (MS) durante a temporada *Kharif* de 2019. Os resultados do experimento apresentados no capítulo anterior foram discutidos e elucidados neste capítulo. O capítulo inteiro foi dividido nos seguintes subtítulos.

5.1 Solo, clima e crescimento das culturas

5.2 Efeito da adubação verde

5.3 Efeito dos estimulantes de crescimento

5.4 Efeito da interação entre adubação verde e estimulantes de crescimento

5.5 Economia dos diferentes tratamentos

5.1 Efeito do clima

Antes de entrar na discussão da presente investigação, é importante discutir as condições climáticas às quais a cultura foi exposta e as condições do solo em que foi cultivada.

A análise da amostra inicial de solo indicou que o solo da parcela experimental tinha textura franco-argilosa, pH levemente ácido e alto teor de carbono orgânico. Tinha baixo teor de nitrogênio disponível, alto teor de fósforo disponível e médio teor de potássio disponível (Tabela 1). O campo experimental foi nivelado , bem drenado e com profundidade uniforme.

Os dados meteorológicos apresentados na Tabela 2 mostram que a precipitação recebida durante o período de crescimento da cultura foi de 5.118,7 mm, recebida em 110 dias chuvosos. As temperaturas médias máxima e mínima ficaram na faixa de 26,9 ^{0}C a 34,5 ^{0}C e 19,8 ^{0}C a 25,9 ^{0}C, respectivamente. A umidade relativa média durante o período de cultivo variou de 86 a 99 por cento nas horas da manhã e 61 a 96 por cento nas horas da tarde, respectivamente. A umidade relativa foi bastante elevada devido ao período chuvoso e foi bastante favorável para o crescimento da cultura. As horas de sol forte situaram-se entre 0,0 e 8,9 horas dia $^{-1}$.

Depois de estudar os diferentes parâmetros climáticos durante a temporada kharif de 2019-2020, observou-se que o clima era adequado para o crescimento e desenvolvimento normal do arroz kharif e não houve grande incidência de pragas e doenças durante o período de investigação. Assim, as diferenças observadas no crescimento foram principalmente devidas aos efeitos do tratamento.

5.2 Efeito da adubação verde

A população de plantas colhida aos 20 DAT e na colheita não diferiu significativamente devido aos diferentes tratamentos de adubação verde. Isto indicou que o estande de plantas foi uniforme na cultura do arroz durante todo o seu ciclo de vida. Portanto, as variações observadas nos diferentes atributos de crescimento, rendimento, teor e absorção de nutrientes e rendimento do arroz na presente investigação foram inteiramente devidas apenas à imposição de diferentes tratamentos.

É evidente a partir dos dados apresentados no capítulo anterior que foi observada uma influência notável de vários adubos verdes nas características de crescimento da cultura do arroz durante todas as fases de crescimento da cultura. Além disso, a adubação verde apresentou variação significativa nos parâmetros de crescimento e desenvolvimento do arroz, a saber, altura da planta (cm), número de folhas funcionais cova $^{-1}$, número de perfilhos cova $^{-1}$, acúmulo de matéria seca cova $^{-1}$ e número de folhas efetivas perfilhos colina $^{-1}$ devido à adubação verde durante a experimentação.

A altura de planta foi significativamente influenciada pelos diferentes tratamentos de adubação verde. A altura significativamente máxima da planta foi registada com adubação verde in situ com dhaincha em todas as fases de crescimento da cultura, excepto aos 30 e 60 DAT, e esteve a par com a adubação verde de folhas de gliricídia (G_2). Na colheita, foi registrada a altura máxima da planta, que foi de 64,23 cm durante Kharif 2019. Yadana *e outros.* (2009) também observaram que o tratamento com adubação verde (*Sesbania rostrata*) aumentou significativamente a altura das plantas (69 cm) de arroz em relação à uréia e nenhum tratamento com aplicação de adubo verde. Webi *e outros.* (2016) relataram que Dhaincha é uma das melhores espécies de plantas fixadoras de N porque suas bactérias fixadoras de N nodulam tanto no caule quanto na raiz, enquanto a própria planta cresce rápido, tem altas taxas de fixação de N e tolera solos alagados. Isto pode ser devido à quantidade suficiente de N fornecida através do dhaincha com uma relação C: N estreita que pode ter ajudado na mineralização e liberação de nutrientes em quantidade adequada. Isto tem contribuído para promover o crescimento, pois o nitrogênio é muito importante para o crescimento das plantas. Os resultados estão de acordo com os de Hemlatha *e outros.* (2000), Yadana *e outros.* (2009), Hargilas e sharma (2015).

Os dados sobre o número de folhas funcionais do morro $^{-1}$ revelaram que a aplicação de adubação verde in situ com dhaincha produziu significativamente mais número de folhas funcionais do morro $^{-1}$ em relação ao controle em todos os estágios do arroz e estava no mesmo nível da adubação verde de folhas da glicicídia (G_2) aos 30 DAT e na colheita. O número máximo de perfilhos colina $^{-1}$ também foi associado ao tratamento adubação verde in situ com dhaincha durante todas as fases de crescimento da cultura e foi observado estar em paridade com a adubação verde foliar com gliricídia e adubação verde in situ com feijão-caupi forrageiro em 30 DAT. Da mesma forma, o tratamento de adubação verde in situ com dhaincha também produziu um número total de perfilhos produtivos colina $^{-1}$ significativamente maior do que os demais tratamentos com esterco. Os dados observados estão de acordo com Hemlatha *e outros.* (2000), Hargilas e Sharma (2015) e Islam *et al.* (2015).

Os dados revelaram que foi registrada significativamente mais produção de matéria seca na colina $^{-1}$ com aplicação de adubação verde in situ com dhaincha do que com o restante dos tratamentos. No entanto, a adubação verde de folhas com gliricídia e a adubação verde in situ com feijão-caupi forrageiro estão no mesmo nível e são significativamente superiores ao controlo em todas as fases de crescimento do arroz. Resultado semelhante também foi relatado por Hemalatha *e outros.* (2000) e Yadana *e outros.* (2009).

Todos os atributos de crescimento influenciados significativamente podem ser devidos à adubação verde in situ com dhaincha que proporciona melhores condições de crescimento às plantas através do fornecimento contínuo de nutrientes e melhoria das propriedades do solo juntamente com a atividade biológica. Devido à adubação verde in situ com dhaincha pode haver fornecimento contínuo de nutrientes essenciais em quantidade adequada. Isso pode ter resultado em melhor crescimento radicular, maior absorção de nutrientes e, portanto, melhores atividades fisiológicas. Isso resultou na criação de mais área foliar e, consequentemente, em mais fotossíntese, o que resultou na criação de mais matéria seca e, posteriormente, no crescimento das plantas em geral.

O efeito benéfico da adubação verde in situ com tratamento dhaincha no aumento do crescimento através do aumento da altura, folhas, número de perfilhos e produção de matéria seca, em última análise, refletiu em maior rendimento atribuindo caracteres a saber, número de panículas colina $^{-1}$, comprimento da panícula, número de grãos cheios panícula- ^{1}, menor número de grãos não cheios panícula $^{-1}$ e peso teste. O rendimento de grãos do arroz é uma função dos atributos de rendimento de uma planta individual, a saber, número de panículas colina $^{-1}$, comprimento da panícula, número de panícula de grãos cheios $^{-1}$ e peso de teste e, finalmente, o rendimento de grãos obtido da planta. Hargilas e Sharma (2015) também revelaram que a aplicação de adubo verde de sesbânia registrou altura de planta significativamente maior (105,3 e 109,7 cm), número de perfilhos m $^{-1}$ (383 e 418,4), número de panículas m $^{-1}$ (260 e 315) e comprimento da panícula (25,7 e 26,7 cm) em 2002 e 2003, respectivamente, em relação aos demais tratamentos com esterco. Além disso, estas descobertas estão em conformidade com as relatadas por Hiremath e Patel (1998), Paikaray *e outros* . (2001), Singh *et al* . (2006), Hargilas e Sharma (2015) e Islam *et al.* (2015).

Os maiores atributos de crescimento e rendimento obtidos devido à aplicação de adubação verde in situ com dhaincha resultaram na produção de grãos, palha e rendimento biológico significativamente maiores em comparação com os outros tratamentos de esterco. Pode ser devido ao aumento da produção de biomassa e à reciclagem de nutrientes através do dhaincha , que resultou num atributo de rendimento mais elevado que resultou num rendimento de arroz mais elevado do que outros tratamentos com estrume. Hemalata *e outros.* (2000) revelaram que a incorporação *in situ* de dhaincha a 12 t ha $^{-1}$ aumentou notavelmente o rendimento de grãos em 6.374 kg ha $^{-1}$ (18%) e o rendimento de palha em 8.411 kg ha $^{-1}$ (16%) de arroz sem adubação orgânica. Estas observações estão de acordo com os resultados de Bhattacharya e Mandal (1996) , Dwivedi e Thakur (2000) , Abro e Abbasi (2002) , Tilak (2004) , Sharma *et al* . (2006) , Deshpande e Devasenapatia (2010) , Hargilas e Sharma (2015) , Islam *et al.* (2015) , Chanda e Sarwar (2017) , Natarajan e Guru (2019) , Suryanvanshi e Singh (2019) .

A varredura dos dados revelou que o teor de nitrogênio, fósforo e potássio nos grãos e na palha, bem como sua absorção total pela cultura, apresentou variação acentuada devido aos diferentes tratamentos de adubação verde e à capacidade de extração de nutrientes do solo. Significativamente, o maior teor e absorção de N, P, K no grão, palha e sua absorção total pela cultura foram registrados no tratamento de adubação verde in situ com dhaincha em relação ao restante dos tratamentos. Entre as diferentes culturas geneticamente modificadas, a dhaincha apresenta maior acumulação de nutrientes principais e micronutrientes devido à maior produção de biomassa e à melhor composição de nutrientes em comparação com as leguminosas alimentares. A lenta liberação de N a partir de resíduos geneticamente modificados em decomposição pode ser melhor sincronizada com a absorção pelas plantas do que as fontes de N inorgânico, possivelmente aumentando a eficiência da absorção de N e o rendimento das culturas, ao mesmo tempo que reduz as perdas por lixiviação de N (Aulakh *et al.* 2000). Deshpande e Devasenapathy (2010) também relataram que a incorporação de dhaincha como adubo verde registrou maior absorção de N (88,70 kg ha $^{-1}$), P (19,02 kg ha $^{-1}$) e K (89,26 kg ha $^{-1}$) do que sem adubação verde. incorporação. Estes resultados foram apoiados por Paikaray *e outros.* (2001), Premi *et al.* (2003), Tilak (2004), Singh *et al.* (2006), Hargilas e Sharma (2015).

Os níveis de nitrogênio (N), fósforo (P) e potássio (K) disponíveis no solo após a colheita do arroz também foram significativamente maiores sob diferentes tratamentos de adubação verde. Entretanto, significativamente a maior disponibilidade de nitrogênio, fósforo e potássio após a colheita do arroz foi registrada pelo tratamento (G1) adubação verde in situ com dhaincha em relação ao restante dos tratamentos. Webi *e outros.* (2016) observaram que sesbania rostrata quando arada aos 34-42 dias após a semeadura, pode adicionar 90 a 150 kg N ha $^{-1}$ e 7,4 t ha $^{-1}$ de biomassa ao solo. estrume, pode duplicar a produção de arroz após um ciclo de cultivo de arroz. Singh *et al.* (2006) também observaram que a incorporação de sesbânia com 40 e 50 dias de idade como adubo verde adicionou 1,94 e 4,05 t ha $^{-1}$ de biomassa seca ao solo, o que contribuiu com 46,5 e 96,6 kg N ha $^{-1}$ respectivamente, para a cultura do arroz em comparação com nenhuma estrume verde. Achado semelhante foi relatado por Sharma *et al.* (2004), Deshpande e Devasenapatia (2010), Dubey *et al.* (2010).

Em relação à contagem microbiana do solo, foi demonstrado que a adubação verde in situ com dhaincha registrou contagem microbiana significativamente maior, ou seja, bactérias (81,08×10 $^{-4}$), fungos

($19,47 \times 10^{-4}$) e actinomicetos ($50,67 \times 10^{-4}$) como em comparação com outros tratamentos de estrume. Pode ser devido ao fato de a adubação verde in situ com dhaincha proporcionar melhores condições de crescimento às plantas através do fornecimento contínuo de nutrientes e melhoria das propriedades do solo juntamente com a atividade biológica. Tilak (2004) também relatou que contagens microbianas *viz.* , bactérias (155×10^{-5} g $^{-1}$), actinomicetos ($4,9 \times 10^{-4}$ g $^{-1}$), fungos ($0,9 \times 10^{-4}$ g $^{-1}$), Azotobacter (105×10^{-2} g $^{-1}$), Azospirillum ($29,7 \times 10^{-4}$ g $^{-1}$) e PSB ($5,4 \times 10^{-2}$ g $^{-1}$) foram marcadamente maiores no solo onde a adubação verde com *rostrato de sesbania* foi incorporada do que no solo em pousio.

No caso da economia, observou-se que a adubação verde in situ com dhaincha (G1) registrou significativamente os maiores retornos brutos de (Rs. 87.426,38 ha $^{-1}$), retornos líquidos de (Rs -1.524,19 ha $^{-1}$) e relação benefício:custo de (0,98) seguida de adubação verde foliar com glicicídia (G2), adubação verde in situ com feijão-caupi forrageiro (G3) e tratamento controle (G4), respectivamente. Entre todos os tratamentos de adubação verde in situ, a adubação verde com dhaincha foi considerada economicamente mais lucrativa, pois sua relação B:C média foi de 0,98. O aumento dos rendimentos brutos, dos rendimentos líquidos e da relação benefício-custo sob a adubação verde in situ com dhaincha deveu-se principalmente ao aumento no rendimento de grãos e palha. Achado semelhante também foi relatado por Kumari *et al.* (2009), Kumar *et al* . (2011), Hargilas e Sharma (2015), Natarajan e Guru (2019), Suryanvanshi e Singh (2019).

5.3 Efeito dos estimulantes de crescimento

Os dados indicaram que as diferenças na população média de plantas por parcela líquida em todos os tratamentos não foram significativas aos 20 DAT, bem como na colheita. Ficou claro que a população de plantas era uniforme ao longo do ciclo de vida da cultura. Portanto, as variações observadas nos diferentes caracteres de crescimento, atributos de rendimento e rendimento do arroz na presente investigação foram inteiramente devidas apenas à imposição de diferentes tratamentos.

O parâmetro de crescimento, a saber, altura da planta (cm), número de folhas funcionais colina $^{-1}$, número de perfilhos colina $^{-1}$, acúmulo de matéria seca colina $^{-1}$ e número de perfilhos efetivos colina $^{-1}$ do arroz foram significativamente influenciados por vários crescimentos. tratamentos estimulantes. a alimentação foliar envolve o fornecimento de nutrientes, hormônios vegetais, estimulantes e outras substâncias benéficas na forma líquida para a planta através de partes areais das plantas, ou seja, folhas e caules e outros locais para obter maior rendimento e qualidade, resistência a pragas, melhoria da seca tolerância, e também ser usado para ajudar as plantas na recuperação de choques de transplante, granizo ou resultados de outros extremos climáticos, Dhanoji *e outros.* (2018).

O tratamento (S3), ou seja, pulverização de ácido húmico a 0,5% (aos 30, 45 e 60 DAT) produziu plantas significativamente mais altas em todas as fases de crescimento, exceto aos 30 DAT, em comparação com outros estimulantes de crescimento. Por outro lado, menor altura de plantas foi encontrada no tratamento controle (S4) em todas as fases de crescimento. O aumento na altura das plantas no tratamento com ácido húmico provavelmente foi devido à melhoria do crescimento da zona radicular. Resultados semelhantes foram obtidos por Kavitha *et al.* (2010), Saruhan *e outros.* (2011), Osman *et al.* (2013), Saha *et al.* (2013), Kumar *et al.* (2014).

Atributos de crescimento como número de folhas funcionais colina $^{-1}$, número de perfilhos colina $^{-1}$, acúmulo de matéria seca colina $^{-1}$ e perfilhos efetivos colina $^{-1}$ foram influenciados significativamente em todas as fases de crescimento, exceto aos 30 DAT com aplicação de ácido húmico @ 0,5 % (S3) . Isso pode ter resultado em melhor crescimento radicular, maior absorção de nutrientes e, portanto, melhores atividades fisiológicas. Que registrou melhor parâmetro de crescimento, no que se refere ao número de perfilhos e acúmulo de matéria seca cova $^{-1}$. Kavitha *et al.* (2010) relataram que a pulverização foliar de ácido húmico a 0,1% duas vezes aos 30 e 45 DAT resultou em aumento significativo na altura das plantas (96,57 cm), IAF na floração (5,53), produção de matéria seca na colheita (15.884 kg ha $^{-1}$) em comparação com controlar. Estes resultados estão em conformidade com Saruhan *e outros.* (2011), Osman *et al.* (2013), Saha *et al.* (2013), Inamullah e Naeem Ali (2014), Kumar *et al.* (2014) e Rasool *et al.* (2015).

A leitura dos dados apresentados na Tabela 15 revelou que os caracteres que contribuem para o rendimento, a saber, comprimento da panícula (cm), panícula de grãos cheios $^{-1}$, menos panícula de grãos não cheios $^{-1}$ e peso de teste (g) foram significativamente maiores no tratamento (S3) pulverização de ácido húmico a 0,5% em comparação com outros estimulantes de crescimento. Kavitha *et al.* (2010) relataram que a aplicação de ácido húmico melhora as propriedades físicas do solo e a absorção de nutrientes, resultando em maior crescimento, componentes de rendimento e rendimento. Achado semelhante foi confirmado por Saruhan *e outros.* (2011), Saha *et al.* (2013), Inamullah e Naeem Ali (2014), Kumar *et al.* (2014).

O estudo em relação ao rendimento de grãos, palha e biológico do arroz indicou que a pulverização de ácido húmico a 0,5% (S_3) registrou rendimento significativamente maior de grãos, palha e biológico em relação ao restante dos tratamentos com estimulantes de crescimento. Assim, a aplicação de ácido húmico melhora consideravelmente as propriedades físicas do solo e a absorção de nutrientes, resultando em maior crescimento, componentes de rendimento e rendimento. Esses efeitos são amplamente atribuídos à melhoria da matéria orgânica do solo, às propriedades físicas e químicas do solo, bem como ao aumento da disponibilidade de nutrientes. Estes resultados estão em linha com os relatados por Defline *e outros* . (2005), Sivakumar *et al. (* 2007), Kavitha *et al.* (2010), Saruhan *e outros* . (2011), Osman *et al.* (2013), Saha *et al.* (2013), Kumar *et al.* (2014), Inamullah e Naeem Ali (2014).

O exame minucioso dos dados relativos ao teor de N, P, K nos grãos e na palha e a absorção de N, P e K nos grãos e na palha foi significativamente influenciado devido aos diferentes tratamentos com estimulantes de crescimento. Entretanto, maiores concentrações de N, P e K no grão e palha e absorção de N, P e K no grão e palha foram registradas pelo tratamento (S_3) pulverização de ácido húmico a 0,5% em comparação aos demais tratamentos. Estes resultados estão em conformidade com os de Saha *et al* . (2013), os ácidos húmicos são especialmente benéficos na liberação de nutrientes no solo para que sejam disponibilizados para a planta conforme necessário. O ácido húmico também é especialmente importante devido à sua capacidade de quelar micronutrientes, aumentando assim a sua biodisponibilidade . Sathya Bama *et al* . (2004), Arjumenda *e outros*. (2015), Eshwar *et al.* (2017).

No que diz respeito à contagem microbiana do solo após a colheita da cultura, verificou-se que não era significativa devido aos diferentes tratamentos com estimulantes de crescimento.

A disponibilidade de nitrogênio (N), fósforo (P) e potássio (K) no solo após a colheita da cultura foi considerada não significativa devido aos diferentes tratamentos com estimulantes de crescimento.

A partir da análise econômica, percebeu-se que diferentes estimulantes de crescimento influenciaram o retorno bruto, o retorno líquido e a relação B:C. O tratamento (S3) pulverização de ácido húmico a 0,5% registrou o maior valor de retorno bruto (Rs. 87.896,38), retorno líquido (Rs. -74,25,92) e razão B:C (0,93) em relação aos demais tratamentos com estimulantes de crescimento. Esses parâmetros econômicos aumentados foram devidos à melhoria significativa no rendimento de grãos e palha do arroz. Achados semelhantes também foram relatados por Osman *et al.* (2013).

5.4 efeito de interação entre adubação verde e estimulantes de crescimento

Os efeitos de interação foram considerados significativos entre os diferentes adubos verdes e estimulantes de crescimento no que diz respeito aos estudos de crescimento e rendimento.

O efeito da interação entre os diferentes tratamentos de adubação verde e estimulantes de crescimento em relação ao atributo de crescimento, a saber, altura da planta (cm), número de folhas funcionais colina $^{-1}$, número de perfilhos colina $^{-1}$, acúmulo de matéria seca colina $^{-1}$ e perfilhos efetivos $^{-1}$ foram considerados significativos. A combinação do tratamento ($G_1 S_3$) adubação verde in situ com dhaincha combinada com pulverização de ácido húmico @ 0,5% (aos 30, 45 e 60 DAT) registrou significativamente maior altura de planta (cm), número de folhas funcionais colina $^{-1}$, número de perfilhos colina $^{-1}$, acúmulo de matéria seca colina $^{-1}$ e perfilhos efetivos colina $^{-1}$ em todos os estádios de crescimento da cultura, exceto 30 DAT. Esta resposta significativa pode ser devida à maior disponibilidade de nutrientes para as culturas através da aplicação in situ de adubação verde com dhaincha juntamente com pulverização de ácido húmico a 0,5% (aos 30, 45 e 60 DAT). Pode ser devido a uma maior reciclagem de nutrientes que resultou numa maior disponibilidade de nutrientes e melhores propriedades físico-químicas do solo do que outros tratamentos de adubação verde e pulverização foliar de estimulantes de crescimento. Achados semelhantes também foram relatados por Saha *et al.* (2013) e Kandil *e outros.* (2020)

O efeito da interação entre os diferentes tratamentos de adubação verde e estimulantes de crescimento em relação ao rendimento de grãos, rendimento de palha e rendimento de biomassa total foi considerado significativo. A combinação do tratamento ($G_1 S_3$) adubação verde in situ com dhaincha combinada com pulverização de ácido húmico @ 0,5% (aos 30, 45 e 60 DAT) registrou produtividade de grãos significativamente maior (41,07 q ha $^{-1}$), produtividade de palha (55,65 q ha $^{-1}$) e produtividade total de biomassa (96,72 q ha $^{-1}$). Entretanto, significativamente menor rendimento de grãos, rendimento de palha e rendimento de biomassa total foi encontrado no controle ($G_4 S_4$). Achado semelhante foi confirmado por Saha *et al.* (2013) e Kandil *e outros.* (2020)

5.5 Economia da combinação de tratamento

O impacto de diferentes adubações verdes e estimulantes de crescimento na economia é apresentado na Tabela 25. Os dados revelaram que, o elevado valor do retorno bruto (Rs. 101.663,36), retornos líquidos (Rs. 7736,01) e relação benefício-custo (1,08) foram obtidos na combinação de tratamento de (G1S3), ou seja, adubação verde in situ com dhaincha combinada com pulverização de ácido húmico a 0,5% (aos 30, 45 e 60 DAT) seguida de adubação verde in situ adubação com dhaincha combinada com pulverização de vermiwash a 5% (a 30, 45 e 60 DAT) (Rs. 94.122,04, Rs. 2.892,33, 1,03 respectivamente).

CAPÍTULO-VI

RESUMO E CONCLUSÃO

Uma investigação de campo intitulada "Resposta do arroz transplantado cultivado organicamente (*Oryza sativa* L.) a diferentes fontes de adubação verde e estimulantes de crescimento sob solos lateríticos de Konkan" foi conduzida em solos lateríticos na Fazenda Agronomia, lote No. Dapoli , Dist. Ratnagiri durante a temporada *Kharif* de 2019-20, a fim de descobrir adubação verde adequada e estimulantes de crescimento para o crescimento e rendimento ideais do arroz.

O experimento foi disposto em parcelas em faixas com 16 combinações de tratamento (quatro adubações verdes e quatro estimulantes de crescimento) replicadas três vezes. O solo da parcela experimental tinha textura franco-argilosa, pH levemente ácido e alto teor de carbono orgânico. Tinha baixo teor de nitrogênio disponível, alto teor de fósforo disponível e médio teor de potássio disponível.

Durante o curso da investigação, as observações do crescimento do arroz foram registadas periodicamente num intervalo de 30 DAT e os caracteres que contribuem para o rendimento e o rendimento foram registados na colheita para avaliar os efeitos do tratamento. Análises químicas dos grãos e da palha do arroz foram realizadas na colheita para determinar a absorção de nutrientes (kg ha $^{-1}$) pelo arroz. A contagem microbiana do solo também foi realizada após a colheita do arroz. Da mesma forma, foi elaborada a economia dos diferentes tratamentos e, em seguida, da combinação. As descobertas importantes que surgiram desta investigação estão resumidas abaixo:

6.1 Efeito da adubação verde

1. A população de plantas de arroz por parcela-rede no início e no final da colheita não foi influenciada significativamente devido aos diferentes tratamentos de adubação verde.
2. As características de crescimento do arroz, a saber, altura da planta, número de folhas funcionais colina $^{-1}$, número de perfilhos colina $^{-1}$, acúmulo de matéria seca colina $^{-1}$ e número de perfilhos efetivos colina $^{-1}$ do arroz foram significativamente melhoradas devido ao verde in situ adubação com dhaincha (G_1) em comparação com outras adubações verdes em todas as fases de crescimento da cultura.
3. O tratamento (G_1), ou seja, adubação verde in situ com dhaincha registrou valores de rendimento significativamente maiores, contribui a saber, comprimento da panícula, número de panícula de grãos cheios $^{-1}$, número de panícula de grãos não cheios $^{-1}$ e peso de teste do que o resto do verde tratamentos de adubação.
4. Significativamente maiores rendimentos de grãos, palha e biomassa total (q ha $^{-1}$) foram encontrados no tratamento (G_1) adubação verde in situ com dhaincha em relação aos demais tratamentos de adubação verde.
5. Os teores de nitrogênio, fósforo e potássio nos grãos e na palha foram significativamente maiores no tratamento de adubação verde in situ com dhaincha (G_1) seguido de (G_2) adubação verde foliar com glicicídia , (G3) adubação verde in situ com forragem feijão-caupi e (G4) controle em ordem decrescente de significância.
6. O tratamento de (G_1), isto é, adubação verde in situ com dhaincha registou uma absorção significativamente maior de azoto, fósforo e potássio pelos grãos, palha e a sua absorção total

pela cultura em relação ao resto dos tratamentos de adubação verde.

7. A disponibilidade de nitrogênio, fósforo e potássio no solo após a colheita da cultura foi significativamente maior no tratamento (G_1) adubação verde in situ com dhaincha seguido de (G_2) adubação verde foliar com glicicídia , (G_3) adubação verde in situ adubação com feijão-caupi forrageiro e controle que estão em ordem decrescente.
8. O pH e a condutividade eléctrica do solo após a colheita não foram significativamente influenciados, excepto que o carbono orgânico foi significativo devido à adubação verde in situ com dhaincha .
9. A contagem microbiana do solo após a colheita da cultura foi significativamente maior no tratamento de adubação verde in situ com dhaincha (G_1) em relação ao restante dos tratamentos de adubação verde.
10. Entre os diferentes tratamentos de adubação verde, a adubação verde in situ com dhaincha proporcionou o maior retorno bruto, retorno líquido e relação benefício:custo do que a adubação verde foliar com glicicídia (G_2), a adubação verde in situ com feijão-caupi forrageiro (G_3) e o controle (G_4).

6.2 Efeito estimulantes de crescimento

1. A população de plantas por parcela-rede aos 20 DAT e na colheita não foi influenciada significativamente devido aos diferentes tratamentos com estimulantes de crescimento.
2. As características de crescimento do arroz, a saber, altura da planta, número de folhas funcionais colina $^{-1}$, número de perfilhos colina $^{-1}$, acúmulo de matéria seca colina $^{-1}$ e número de perfilhos efetivos colina $^{-1}$ do arroz foram significativamente

melhorados devido (G_3) pulverização de ácido húmico a 5% (30, 45 e 65 DAT) em comparação com outros estimulantes de crescimento em todas as fases de crescimento da cultura.

3. O tratamento (S_3), ou seja, pulverização de ácido húmico @ 0,5% (30, 45 e 60 DAT) registrou valor de produtividade significativamente maior, contribui a saber, comprimento da panícula (cm), panícula de grãos cheios $^{-1}$, panícula de grãos não cheios $^{-1}$ e peso de teste (g) do que o resto dos estimulantes de crescimento.
4. Os dados mostraram que significativamente maior produtividade de grãos, produtividade de palha e biomassa total (q ha $^{-1}$) de arroz foi encontrada no tratamento pulverização de ácido húmico @ 0,5% (aos 30, 45 e 60 DAT) que foi seguido pela pulverização de jeevamrut @ 5% (S_1), vermiwash @ 5% (S_2) e controle (S_4) nessa ordem decrescente de significância.
5. Os teores de nitrogênio, fósforo e potássio no grão e na palha foram maiores sob o tratamento de pulverização de ácido húmico @ 0,5% (aos 30, 45 e 60 DAT) seguido pela pulverização de jeevamrut @ 5% (S_1), vermiwash @ 5% (S_2) e controle (S_4) nessa ordem decrescente de significância.
6. O tratamento de (S_3), ou seja, pulverização de ácido húmico a 0,5% (aos 30, 45 e 60 DAT) registrou maior absorção de nitrogênio, fósforo e potássio pelo grão, palha e sua absorção total pela cultura em relação ao restante da adubação verde tratamentos.
7. A disponibilidade de nitrogênio, fósforo e potássio no solo após a colheita da cultura não foi significativa em relação aos tratamentos com estimulantes de crescimento.

8. O pH, a condutividade elétrica e o carbono orgânico do solo após a colheita não foram influenciados significativamente devido aos diferentes tratamentos com estimulantes de crescimento.
9. A contagem microbiana do solo após a colheita da cultura não foi significativa devido aos diferentes tratamentos com estimulantes de crescimento.
10. Entre os diferentes tratamentos com estimulantes de crescimento, a pulverização de ácido húmico a 0,5% (a 30, 45 e 60 DAT) proporcionou o maior retorno bruto, retorno líquido e relação benefício:custo do que a pulverização de jeevamrut a 5%, pulverização de vermiwash a 5% e controle (S4).

6.2 Efeitos de interação

1. O efeito da interação entre os diferentes tratamentos de adubação verde e estimulantes de crescimento em relação aos atributos de crescimento, altura da planta (cm), número de folhas funcionais no morro $^{-1}$, número de perfilhos no morro $^{-1}$, acúmulo de matéria seca no morro $^{-1}$ e perfilhos efetivos hill $^{-1}$ foram considerados significativos. A combinação do tratamento de ($G_1 S_3$) adubação verde in situ com dhaincha juntamente com pulverização de ácido húmico @ 0,5% resultou em produção de altura de planta (cm), número de folhas funcionais colina $^{-1}$ e número de perfilhos colina $^{-1}$ significativamente maiores , colina de acúmulo de matéria seca $^{-1}$ e colina de perfilhos efetivos $^{-1}$ durante o resto da combinação de tratamento.
2. O efeito da interação entre os diferentes tratamentos de adubação verde e estimulantes de crescimento em relação à produtividade de grãos, produtividade de palha e biomassa total (q ha $^{-1}$) foi significativo. A combinação de tratamento de

adubação verde in situ (G_1S_3) com dhaincha juntamente com pulverização de ácido húmico @ 0,5% resultou na produção de rendimento de grãos, rendimento de palha e biomassa total (q ha^{-1}) significativamente maiores do que a combinação de tratamento restante.

3. O maior retorno líquido e relação B: C de Rs. 7.736,01 ha^{-1} e 1,08, respectivamente, foram obtidos sob a combinação de tratamento de (G1S3), ou seja, adubação verde in situ com dhaincha juntamente com pulverização de ácido húmico @ 0,5% (aos 30, 45 e 60 DAT).

CONCLUSÃO

Com base nos objetivos da presente investigação, pode-se chegar à seguinte conclusão:

1. A aplicação de adubação verde in situ com dhaincha juntamente com a pulverização de ácido húmico a 0,5% (aos 30, 45 e 60 DAT) registrou parâmetros de crescimento, atributos de rendimento e rendimento de arroz kharif significativamente mais elevados.
2. dhaincha in situ melhora os nutrientes e também o estado microbiano do solo.
3. dhaincha in situ e ácido húmico observou maiores custos totais de cultivo, retorno bruto, retorno líquido e relação B:C.

Assim, pode-se concluir que para o cultivo do arroz deve ser aplicado com adubação verde in situ dhaincha e estimulantes de crescimento ácido húmico @ 0,5% aplicação foliar (30,45 e 60 DAT) para obtenção de melhor crescimento, maior rendimento e retorno econômico.

LITERATURA CITADA

Anônimo, (2017). Visão geral das estatísticas agrícolas 2017. Direcção de Economia e Estatística, Ministério da Agricultura e Bem-Estar dos Agricultores, Govt. da Índia.

Anônimo, (2018a). 52ª Reunião Anual do Grupo de Arroz do Estado de Maharashtra, relatório de progresso kharif, 2017 elaborado pelo Dr. AK Shinde, Especialista em Arroz, Estação Regional de Pesquisa Agrícola, Karjat , Dist. Raigad, pp.

Anônimo, (2018b). Avaliação da resposta de diferentes variedades das principais culturas para a agricultura biológica. Reunião conjunta da Agresco , 24-26 de maio de 2018. Dapoli , pp.

AOAC (1990). Métodos Oficiais de Análise, Ed.12, Associação de Químicos Analíticos Oficiais, Washington, DC

Abro , MB, Abaasi , ZA (2002) Efeito do adubo verde de Sesbania Rostrata (DHINCHA) no rendimento do arroz. *Jornal de Ciências Aplicadas do Paquistão* **2** (7): 768-769.

Arjumend , T., Abbasi. KM, Rafique. E. (2015). Efeitos do ácido húmico derivado da linhita em algumas propriedades selecionadas do solo, crescimento e absorção de nutrientes do trigo (Triticum aestivum L.) cultivado em casa de vegetação. *Jornal de Botânica do Paquistão* , **47** (6): 2231-2238.

Amreswari , P., Uma e Sujathamma . P. (2014). Jeevamrutha como alternativa de fertilizante químico na produção de arroz. *Resumo de Ciência Agrícola* , **34** (3): 240-242.

Ansari, AA, Sukhraj , K. (2010) Efeito da vermiwash e do vermicomposto nos parâmetros do solo e na produtividade do quiabo (*Abelmoschus esculentus)* na Guiana. *Africano J Agri.*, **5** (14):1794-1798.

Aulakh, CS, Hargopal Singh, Walia SS, Phutela , RP e Gurminder Singh. (2013). Avaliação da preparação da cultura microbiana (jeevamrit) e seu efeito na produtividade das culturas arvenses. *Jornal Indiano de Agronomia* **58** (2): 182-186.

Bharat, T., Chowdary, AK, Madhavi, K., kumar , PA, reddy , Madhavi, A. (2015). Efeito de fontes de nutrientes orgânicos nos parâmetros de qualidade e propriedades do solo do sorgo. *Jornal de Pesquisas e Soluções Inovadoras* (JIRAS) **1** (1): 63-66.

Bhattacharya, K. e Mandal, SR (1996). Efeito da adubação verde na produtividade do arroz em situação de sequeiro estimulado, *Oryza* . **33** : 258-262.

Bista, B. e Dahal , S. (2018). Cimentando a Agricultura Biológica com Adubos Verdes. *Internacional J. Appl. Ciência. Biotecnologia* . Vol **6** (2): 87-96.

Blake, GR e Hartge , KH (1986). Densidade aparente. In: Métodos de Análise de Solo, Parte I , Klute , A. (Ed.). Sociedade Americana de Agronomia Inc. e Sociedade de Ciências do Solo da América Inc. Madison, Wisconsin, EUA, pp: 371-373.

Bray, RH e Kurtz, LT (1945). Determinação das formas totais, orgânicas e disponíveis de fósforo nos solos. Ciência do Solo, **59** : 39-45.

Chanda, SC, Sarwar, G. (2017). Status do solo incorporado em Dhaincha após a colheita do arroz no padrão de cultivo de arroz (Boro) - Dhaincha - arroz (T. Aman) . *Cercetarai Agronomice In Moldova* (Agronomice in Moldova), **50** (4):75-84.

Chandra, S. e Chauhan, SK (2004) "Perspectivas da agricultura orgânica na Índia", Indian Farming, vol.52, no. 2, pp.11–14.

Chaphale , SD, Chaphale , BS, Verma, A. e Banjewar , AD (2000). Efeito da adubação verde nas propriedades do solo e desempenho produtivo do arroz (*Oryza sativa*). *Jornal de Solos e Culturas.* **10** (1): 136-140.

Channbasappa , KS, Madiwalar , SL, Joshi, VR, Manjappa , K. (2004) Efeito das fontes de GLM no crescimento, rendimento e produtividade do arroz em terras baixas. *Karnataka J. Agri. Ciência,* **18** (3): 842-844.

Chhonkar , PK (2002). Mito e realidade da agricultura orgânica nos anais do Seminário FAI sobre Fertilizantes e Agricultura Enfrentando o Desafio, Nova Delhi, Índia.

Cimrin , KM e Yilmaz, I. (2005). As aplicações de ácido húmico na alface não melhoram o rendimento, mas melhoram a disponibilidade de fósforo. Acta Agriculture Scandinavica, Seção B-Soil and Plant Science, **55** : 58-63.

Dahiphale , AV, Giri, DG, Thakre, GV e Gin, MD (2003). Efeito do manejo integrado de nutrientes na produtividade e nos parâmetros que contribuem para a produtividade do arroz perfumado. *Anais de Fisiologia Vegetal* , **17** :24-26.

Defline , S., Togneti , R., Desiderio , E. e Alvino, A. (2005). Efeito da aplicação foliar de N e ácidos húmicos no crescimento e produtividade do trigo duro. INRA, EDP Ciências , DOI: 10.1051/agro:2005017.

Deshpande , H. E Devasenapatia , P. (2010). Influência da adubação verde e de diferentes fontes orgânicas de nutrientes na produtividade e nas propriedades químicas do solo de arroz (Oryza sativa L.) cultivado em condições de várzea. *Revista Internacional de Ciências Agrícolas,* **6** (2): 433-438.

Dhingra, OP e Sinclair, JB (1993). Métodos básicos de fitopatologia, CBS Publisher, Delhi, pp.

Dubey, L., Dubey, M. e Jain, P. (2010). Papel da Adubação Verde na Agricultura Orgânica. *Arquivos de plantas,* **15** (1): 23-26.

Dwivedi, DK e Thakur, SS (2000). Efeito dos níveis de fertilidade orgânica e inorgânica na produtividade da cultura do arroz (Oryza sativa). Jornal Indiano de Agronomia, **45** (3): 568-574.

Eshwar, M., Srilatha, M., Bhanu, RK e Sharma, SH (2017). Efeito de substâncias húmicas (ácido húmico, ácido fúlvico) e fertilizantes químicos na absorção de nutrientes e produção de matéria seca de arroz aeróbio (Oryza sativa L.). *Jornal de Farmacognosia e Fitoquímica,* **6** (5): 1063-1066.

Gunri , SK, Pal, SK e Choudhury, A. (2004). Efeito da aplicação integrada de nitrogênio e espaçamento na produção de arroz *(Oryza sativa)* em solos de sopé de Bengala Ocidental. *Revista de Agronomia.* **49** (4): 248-250.

Hargilas e Sharma, SN (2015). Efeito de diferentes combinações de adubos orgânicos e biofertilizantes no crescimento, produtividade, qualidade de grãos e economia na agricultura orgânica de arroz perfumado. *Jornal de Ciências do Desenvolvimento de Plantas,* **7** (5): 381-388.

Hemalatha , M., Thirumurugan , V., Joseph, M. e Balasubramanian, R. (2000). Efeito de diferentes fontes e níveis de nitrogênio. *Jornal Indiano de Agronomia,* **25** (3): 255-257.

Hiremath, SM e Patel, ZG (1998). Efeito da adubação verde de inverno e da aplicação de nitrogênio no arroz de verão (Oryza sativa). *Jornal Indiano de Agronomia,* **43** (1): 7176.

Howard, A. (1940). Um Testamento Agrícola, Oxford University Press.

Inamullah , Naeem Ali, (2014). Avaliação de vários níveis de ácido húmico e enxofre para maiores rendimentos em trigo (Triticum aestivum L.). *Sarhad J. Agric.* Vol. 30, nº 1.

Islam, S., Paul, NK, Alam, R., Uddin, R., Sarkar, Reino Unido, Islam, A., e Park, SU (2015). Resposta do arroz à aplicação de adubação verde e fertilizantes nitrogenados. Revista Online de Ciências Biológicas, DOI: 10.3844/ojbsi.2015.

Jackson, ML (1973). Análise Química do Solo, Prentice Hall of India Unip. Ltd., Nova Delhi.

Kandil , EE, Abdelsalam , NR, Mansour, MA, Ali, HM e Siddiqui, MH (2020). Potenciais do adubo orgânico e das formas potássicas no crescimento e produção de milho (Zea mays L.). www.nature.com/scientificreports.

Kavitha , MP, Ganesaraja , V., Paulpandi , VK e Subramanian , R. Bala. (2010). Efeito da idade das mudas, práticas de manejo de plantas daninhas e aplicação de ácidos húmicos no sistema de intensificação do arroz. *Indiano J. Agric. Res.*, **44** (4): 294 - 299.

Kaur, P., Bhardwaj, M. e Babbar , I. (2015). Efeito do vermicomposto e vermiwash no crescimento de hortaliças. *Jornal de Pesquisa de Veterinária Animal e Ciência da Pesca,* **3** (4):9-12.

Kumar, D., Singh, AP, Raha, P. e Singh, CM (2014). Efeitos do humato de potássio e de fertilizantes químicos no crescimento, produtividade e qualidade do arroz (oryza sativa l.). *Bangladesh J. Bot*. **43** (2): 183-189.

Kumar, N., Mina, BL, Chandra, S. e Srivastva , AK (2011). Adubação verde in situ para aumentar a produtividade, rentabilidade e sustentabilidade do arroz de terras altas. *Nutr . Ciclo . Agroecosístico*. **90** (3): 369-377.

Kumari, N. (2009). Manejo orgânico de nutrientes para produtividade sustentável de arroz perfumado. Ph.D. Tese, apresentada em BAU, Ranchi, Jharkhand.

Kumbhar , B. e Devakumar, N. (2017). Produtividade e atributos de produtividade do feijão orgânico (*Phaseolus vulgaris* L.) influenciados por esterco de quintal e adubos líquidos. Conferência científica "Pesquisa Inovadora para Agricultura

Orgânica 3.0" 19º Congresso Mundial Orgânico, Nova Delhi, Índia.

Laharia , GS, Patil, DU, e Damre , PK (2013). Efeito de fontes orgânicas na fertilidade do solo, absorção de nutrientes e produtividade da soja. *Pesquisa de colheita* , **45** (1,2 e 3):155-159.

Mali, RG (2018). Manejo de nutrientes orgânicos em arroz *kharif* (*Oryza sativa* L.). Mestrado Tese, apresentada em DBSKKV, Dapoli .

Mais, S., Deshmukh, S., Shinde, P. e Deshmukh, V. (2013). Efeito do manejo integrado de nitrogênio com vermiwash em milho (Zea maysv L.) sobre crescimento e produtividade. *Jornal Africano de Pesquisa Agrícola* , **8** (38): 4761-4765.

Nardi , S., Pizzeghello , D., Muscolo , A. e Vianello , A. (2002). Efeitos fisiológicos das substâncias húmicas nas plantas superiores. Biol do solo. Bioquímica . 34: 1527-1536.

Natarajan, S., Guru, G. (2019). Efeito de diferentes fontes orgânicas e fertilizantes inorgânicos na fertilidade, produtividade e economia do solo em arroz transplantado. *Jornal Internacional de Estudos Químicos* , **7** (5): 1695-1698.

Osman EAM, EL-Masr, AA e KA Khatab (2013). Efeito de fontes de fertilizantes nitrogenados e pulverização foliar de ácidos húmicos e/ou fúlvicos na produtividade e qualidade de plantas de arroz. *Avanços na pesquisa científica aplicada,* **4** (4):174-183.

Paikaray , RL, Mahapatra, BS e Sharma, GL (2001). Manejo integrado de nitrogênio no sistema de cultivo arroz (Oryza sativa) - trigo (*Triticum aestivum*). *Jornal Indiano de Agronomia* , **46** (4): 592-600.

Panse , VG e PV Sukhatme , (1985). Métodos Estatísticos para Trabalhadores Agrícolas, ICAR, Nova Delhi.

Patel, DM, Patel, IM, Patel, BT, Singh, NK e Patel, CK (2018). Efeito de Panchgavya e jivamrut na produtividade, propriedades químicas e biológicas do solo e absorção de nutrientes pelo amendoim *kharif (Arachis hypogea* L.). *Inter. J. Estudos Químicos* , **6** (3): 804-809.

Patil, DU, Laharia , GS e Damre , PR(2012). Efeito de diferentes fontes orgânicas nas propriedades biológicas do solo, absorção de nutrientes, qualidade e produtividade da soja. *Jornal Asiático de Ciência do Solo* , **7** (2): 190-193.

Prémio, OP (2003). Fornecimento integrado de nutrientes para a produção sustentável de arroz em um argissolo ácido . *Jornal Indiano de Pesquisa Agrícola.* **37** (2): 132-135.

Rajanna , GA, Murali, K., Pradeep Gopakalli , Divya M., Lakshmipathy , RN e Sudakaran , TM (2011). Efeito de diferentes fontes e épocas de aplicação de adubo orgânico na população microbiana, volume de raízes, peso seco de raízes e estado nutricional do solo de arroz aeróbico (*Oryza sativa* L.) *Environment and Ecology* , **29** (3): 1260-1264.

Raman, R. e Krishnamoorthy R. (2019). Impacto da Nutrição Foliar Orgânica e sua Eficácia na Produção Sustentável de Arroz. *Acta Agricultura Científica* **3** (10):61-63.

Ramesh, S., Sudhakar, P. e Elankavi , S., (2015). Efeito da nutrição foliar orgânica no crescimento e produtividade do milho *(Zea mays* L.). *Jornal Internacional de Pesquisa Atual,* **7** (11): 23119-23122.

Rasool, G., Wahla , AJ, Nawaz, M., Rehman, MA (2015). Determinação e avaliação do efeito de diferentes doses de ácido húmico no crescimento e produtividade do trigo (Triticum Aestivum L.). *Jornal de Agricultura e Ciências Veterinárias* , **8** (2): 5-7.

Ravishankar, N., Panwar AS, Prasad, k., Kumar, V. e Bhaskar, S. (2017). Guia de Produção de Culturas de Agricultura Orgânica, Projeto de Rede sobre Agricultura Orgânica, ICAR-Instituto Indiano de Pesquisa de Sistemas Agrícolas, Modipuram , Meerut-250 110, Uttar Pradesh, Índia. págs. 1-6.

Relatório Anual do Arroz 2018-2019.

Saha, R., Saieed , MAU, Chowdhury, MAK, (2013) Crescimento e rendimento de arroz (Oryza sativa) influenciado por ácido húmico e esterco de aves. *Jornal Universal de Ciência Vegetal* , **1** (3): 78-84.

Sahare , D., e Mahapatra, A. (2015). Efeito de adubos orgânicos e adubos orgânicos líquidos no crescimento, rendimento e economia do cultivo aeróbio de arroz. *Inter. J. de Agri. Ciências* , **11** (1):183-188.

Saranraj , T. e Thirupathi , M. (2015). Influência do Vermiwash no crescimento, atributos de rendimento e absorção de nutrientes do arroz. *Madras Agric. J.,* **102** (7-9): 223-226.

Saranraj , T. (2016) Efeito da alimentação foliar com adubos orgânicos líquidos na produtividade e economia do arroz. *Novo Agricultor* , **27** (2): 4.

Saruhan , V., Kuşvuran , A. e Babat , S. (2011). O efeito de diferentes adubações com ácidos húmicos na produtividade e no desempenho dos componentes de produção do milheto (Panicum miliaceum L.). *Pesquisa Científica e Ensaios* , **6** (3), pp.

Sathya Bama, K., Selvakumari , G., Natesan, R. e Singaram, P. (2004). Ácidos húmicos e fertilizantes na nutrição do arroz em Argissolo e Inceptissolo . *Madras Agric. J.* **91** (1-3): 100-108

Sharma, RP, Pathak, SK, Haque, M. e Raman, KR (2004). Diversificação do sistema tradicional de cultivo baseado em arroz (Oryza sativa) para produção sustentável nas planícies aluviais do sul de Bihar. *Jornal Indiano de Agronomia* . **49** (4): 218-222.

Sharma, SK e Sharma, SN (2002). Manejo integrado de nutrientes para a sustentabilidade do sistema de cultivo de arroz e trigo. *Jornal Indiano de Ciências Agrícolas* , 72: 573576.

Sharma, SN (2006). Efeito da agricultura orgânica na produtividade e fertilidade do solo no sistema de cultivo arroz (Oryza sativa) -

trigo (Triticum aestivum). Simpósio Nacional sobre Agricultura de Conservação e Meio Ambiente, 26 a 28 de outubro, BHU, Varanasi, 190-191.

Shinde, AK, Kumkerkar RL, Thorat , VA, Chavan, LS, Talathi , M., Mandavkar . P., Devrukhakar . AC, Patil. VK, Rane AD, Dodake SB, Talathi . JM, Haldankar . PM e Bhattacharya, T. (2018). Intervenção tecnológica: Benefício para a produção de arroz em Konkan. *Revista Avançada de Pesquisa Agrícola* , 2: 128-140.

Singh, R., Jat, ML e Biswas, C. (2006). Efeito da adubação verde in situ de sesbênia e da incorporação de resíduos culturais na produtividade do sistema de cultivo arroz (Oryza sativa) - trigo (Triticum aestivum). Simpósio Nacional de Agricultura de Conservação e Meio Ambiente. Outubro, 26-28, BHU, Varanasi, pp: 238-239.

Siavoshi , M., Nasiri , A., Laware , SL (2010). Efeito da adubação orgânica nos componentes de crescimento e produção do arroz (*Oryza sativa* L.). *Jornal de Ciências Agrícolas,* Vol. 3, n° 3.

Sivakumar, K., Devarajan, L., Dhanasekaran , K., Venkatakrishnan, D. e Surendran , U. (2007). Efeito do ácido húmico na produtividade e absorção de nutrientes do arroz. *Oriza* **44** (3): 277-279.

Sofia, PK, Prasad, R. e Vijay, VK (2006) "Tradição da agricultura orgânica reinventada", Indian Journal of Traditional Knowledge, vol.5, no.1, pp.139–142.

Stockdale EA, Lampkin M & Hovi (2001). Implicações agronómicas e ambientais do sistema de agricultura biológica. Av. Agron 70, 261 - 327.

Subbaih , BV e Asija, GL (1956). Um procedimento rápido para a estimativa do nitrogênio disponível no solo. *Ciência Atual,* 25: 259.

Suryavanshi , P. e Singh, Y. (2019). Efeito da adubação verde in situ na produtividade do arroz e na produtividade hídrica. Revista Trimestral Internacional Referida, Revisada por Pares e Indexada em Ciência, Agricultura e Engenharia, Vol. 8.

Talashilkar , SC e Chavan, SA (1997). Manejo integrado de adubo de folhas verdes e nitrogênio para arroz de terras úmidas na região de Konkan. *Ana. Agrícola. Res.* **18** (1): 124-126.

Thangavel , P., Balagurunathan , R., Divakaran , J. e Prabhakaran, J. (2003) Efeito do vermiwash resposta extração de vermicast no status de nutrientes do solo, crescimento e produtividade do arrozal. *Avanços da ciência vegetal.* **16** :18-190

Tharmaraj , K., Ganesh, P., Kolanjinathan , K., Suresh Kumar, R., Anandan , A. (2011). Influência do vermicomposto e vermiwash nas propriedades físico- químicas do solo cultivado com arroz. *Botânica Atual* , **2** (3):18-21.

Tilak, KVBR, (2004). Resposta da adubação verde de sesbânia e incorporação de resíduos de feijão mungo nas atividades microbianas para a sustentabilidade de um sistema de cultivo de arroz e trigo. *Jornal de Agricultura e Desenvolvimento Rural nos Trópicos e Subtrópicos,* **105** (2):189-196.

Turkhede , AB, Choundhari , BT, Chore, CN, Tayde , RD e Bobade , PN (1996). "Efeito da adubação verde e dos níveis de fertilizantes na produtividade do arrozal em terras baixas *(Oryza sativa L)* . " *Jornal de Solos e Culturas* . **6** (2): 187-189.

Ulukan , H. (2008). Efeito da aplicação de ácido húmico no solo em diferentes épocas de semeadura sobre alguns componentes do rendimento em híbridos de trigo (Triticum spp.). *Revista Internacional de Botânica,* **4** (2): 164-175.

Vasanthkumar HHA. Preparação de pasta de Jeevamrut , Siri Samruddhi , 2006, 4-5.

Wabi, MA, Verzelen , K., Houngnandan , P., Vanhove , W., Lucas, KR, Damme, PV (2016). Sesbania rostrata (Bremek e Oberm .) como fixador biológico de nitrogênio para produção sustentável de arroz em terras baixas. https://www.researchgate.net/publication/309230811.

Yadana , KL, Aung, KM, Takeo, Y., Kazuo, O. (2009). O efeito da Adubação Verde (*Sesbania rostrata*) no Crescimento e Produtividade do Arroz. *J.Fac. Agr., Kyushu Univ.,* **54** (2): 313-319.

MIX
Papier aus verantwortungsvollen Quellen
Paper from responsible sources
FSC® C105338

Printed by Books on Demand GmbH, Norderstedt / Germany